U0198523

城市黑臭水体整治工程实施技术指南

中国市政工程华北设计研究总院有限公司

孙永利 郑兴灿 等

著

中国建筑工业出版社

图书在版编目（CIP）数据

城市黑臭水体整治工程实施技术指南／孙永利等著
. — 北京：中国建筑工业出版社，2021.8
ISBN 978-7-112-26376-9

Ⅰ. ①城… Ⅱ. ①孙… Ⅲ. ①城市污水处理究－中国
－指南 Ⅳ. ①X703－62

中国版本图书馆 CIP 数据核字(2021)第 144605 号

本书共 6 章，内容包括城市水体现状调查与污染源识别、城市水体设计理念与治理技术路线、污染源控制与治理技术、水动力改善与水生态恢复技术、旁路治理与就地处理技术、维护管理体系与管控机制构建。

本书主要用于引导地方政府合理地进行城市水体功能定位和顶层设计，稳步推进城市黑臭水体治理工作；指导工程咨询和设计机构科学制定城市黑臭水体治理工程技术方案，合理选择工程技术和运行维护措施；还可指导城市政府有关部门或第三方机构科学实施城市黑臭水体整治效果评估，保障《水污染防治行动计划》目标完成情况考核工作的顺利推进。

责任编辑：张　磊
责任校对：王　烨

城市黑臭水体整治工程实施技术指南
中国市政工程华北设计研究总院有限公司
孙永利　郑兴灿　等　　　　著
＊
中国建筑工业出版社出版、发行（北京海淀三里河路 9 号）
各地新华书店、建筑书店经销
北京红光制版公司制版
北京中科印刷有限公司印刷
＊
开本：850 毫米×1168 毫米　1/32　印张：2⅝　字数：60 千字
2021 年 9 月第一版　　2021 年 9 月第一次印刷
定价：**25.00** 元
ISBN 978-7-112-26376-9
（37932）
版权所有　翻印必究

前　　言

　　2015 年印发的《水污染防治行动计划》（国发〔2015〕17号）首次将城市黑臭水体整治列入国家行动计划，由此在全国地级以上城市拉开了水环境整治的序幕。通过近 6 年的综合治理，绝大部分地级城市基本实现了消除黑臭水体的目标要求。但城市水体的地理位置和功能属性决定了水体治理和水生态恢复是一个长期的工作，而不健全的城市管网系统、不健康的管网运维模式导致的降雨过后水体返黑返臭问题更增加了水体治理工作的难度。2021 年 3 月，《中华人民共和国国民经济和社会发展第十四个五年规划和 2035 年远景目标纲要》再次提出"基本消除城市黑臭水体"要求，城市黑臭水体整治仍将是今后很长一段时间水环境治理工作的重要内容。

　　为全面跟踪评估全国各地城市黑臭水体整治的成功做法和失败教训，系统总结国家水体污染控制与治理科技重大专项（以下简称水专项）"十一五"以来在城市黑臭水体整治和水环境治理方面的主要技术成果和工程经验，城市主题"十三五"期间设置了"海绵城市建设与黑臭水体治理技术集成与技术支撑平台"课题。课题组在大量工程调研评估、工程效果实测、模拟试验验证的基础上，结合城市黑臭水体整治环境保护专项行动和各地提交城市水体治理效果评估材料的总结凝练，编制了《城市黑臭水体整治工程实施技术指南》（以下简称《指南》）。

　　《指南》由城市水体现状调查与污染源识别、城市水体设计理念与治理技术路线、污染源控制与治理技术、水动力改善与水生态恢复技术、旁路治理与就地处理技术、维护管理体系与管控机制构建6个章节，以及城市水体治理常见问题及对策、城市水体治理效果评估方法两个附录组成。主要用于引导地方政府合理地进行城市水体功能定位和顶层设计，指导咨询设计和工程实施机构科学合理地制定城市黑臭水体治理方案、选择适宜性整治技术、实施治理工程和运行维护措施，稳步推进城市黑臭水体治理工作。城市政府有关部门或第三方机构也可根据《指南》附录，科学实施城市黑臭水体整治效果评估，保障《水污染防治行动计划》目标完成情况考核工作的顺利推进。

《指南》由中国市政工程华北设计研究总院有限公司孙永利、郑兴灿负责统稿和全稿修订，主要参编人员有孙永利、郑兴灿、黄鹏、张维、王金丽、刘静、范波、葛铜岗、李家驹、张岳、郭亚琼、杨敏、刘钰。

感谢住房和城乡建设部相关业务司局对本《指南》的大力支持，感谢中国城镇供水排水协会章林伟会长、中国城镇供水排水协会排水分会甘一萍秘书长、北控水务集团有限公司杭世珺技术总监、江苏省住房和城乡建设厅何伶俊副处长、广州市水务局王少林副总工程师、清华大学刘翔教授、江南大学李激教授等专家学者在本《指南》编制过程中提出的宝贵意见。由于时间仓促，加之作者水平有限，书中不足和疏漏之处在所难免，敬请同行和读者批评指正。

目　　录

第1章　城市水体现状调查与污染源识别 ················· 1

1.1　城市水体现状调查 ······························· 1

1.2　旱天污废水直排问题识别与诊断 ············· 4

1.3　降雨污染问题识别与诊断 ···················· 6

1.4　底泥及漂浮物污染问题识别与诊断 ········· 7

1.5　其他污染源识别与诊断 ······················· 8

第2章　城市水体设计理念与治理技术路线 ··········· 11

2.1　城市黑臭水体治理与水质保持技术路线 ··· 11

2.2　基于水资源特征的水体构建理念 ············ 18

2.3　基于城市功能定位的水体设计理念 ········· 20

第3章　污染源控制与治理技术 ······················· 24

3.1　旱天直排污废水末端截流与控制技术 ······ 24

3.2　排水系统改造修复与污染控制技术 ········· 27

3.3　城市水体底泥污染控制技术 ·················· 31

3.4　沿河垃圾及水体漂浮物清理技术 ············ 34

3.5　上游来水污染控制技术 ······················· 35

第4章　水动力改善与水生态恢复技术 ··············· 37

4.1　城市水系连通与水动力改善技术 ············ 37

4.2　生态型水体构建与水生植物生态恢复技术 ··· 39

4.3　城市水体排水防涝设计技术 ·················· 42

第5章　旁路治理与就地处理技术 ···················· 44

5.1　基于水质控制指标的工艺技术选择 ········· 44

5.2　物理沉淀过滤技术 ·· 47

5.3　混凝沉淀过滤技术 ·· 49

5.4　生物与生态处理技术 ·· 51

第6章　维护管理体系与管控机制构建 ····················· 54

6.1　维护管理与应急保障制度建设 ························· 54

6.2　智能管控与应急体系建设 ································· 55

6.3　城市水体跟踪监测制度建设 ····························· 57

附录A　城市水体治理常见问题及对策 ··················· 61

A.1　城市黑臭水体治理顶层设计问题 ···················· 61

A.2　传统原位净化技术的原理及问题 ···················· 63

A.3　城市黑臭水体治理新技术及潜在问题 ············· 67

附录B　城市水体治理效果评估方法 ······················ 69

B.1　公众评议与报告编制 ······································ 69

B.2　评估材料整理与校核 ······································ 70

B.3　城市黑臭水体治理效果评估 ····························· 73

第1章 城市水体现状调查与污染源识别

1.1 城市水体现状调查

1.1.1 水环境现状调查

水环境现状情况，可为城市黑臭水体整治目标确定和治理方案制定提供依据。城市水体水环境现状调查可参考《城市黑臭水体整治技术方案编制技术手册》T/CECA 20004—2021 中5.1相关内容，包括相关规划、水体现状特征、水资源、历史工程、沿线排水设施等，具体如下：

（1）城市总体规划、环境保护规划、水系规划、排水规划、水资源规划、绿地规划、防洪排涝规划、海绵城市规划等对水体功能的定位和整治目标的界定及相关属性要求。

（2）气象、地理、人文、经济与社会发展数据。

（3）流域区域基本情况、岸带特征、水质特征、水文特征、生态特征。

（4）地表水、再生水、雨水、地下水等可利用水资源的水质、水量及季节变化特征。

（5）水体整治历史信息、沿线排水设施状况及规划布局。

1.1.2 污水收集处理设施现状调查

调查污水收集系统、提升泵站和污水处理设施的运行情况是排水系统维护和升级改造的基础。通过评估污水主干管、提升泵站和污水处理设施的运行效能、调度状况、现状负荷和冗余能力，为截污纳管工程实施可行性和污水处理设施改扩建工程实施必要性分析提供支撑。

（1）污水管道和合流制管道运行情况调查主要包括：是否存在内封堵、淤积、逆坡和高水位运行管段；是否存在水体沿线管道排口河湖水倒灌风险，评估污水外渗、地下水入渗和施工降水入管等情况；是否有埋设在河道底部或低于地下水位的管段，应根据交界段的管道上下游水质变化评估河水倒灌情况；污水管网和合流制管网的日常养护和清淤情况。

（2）污水提升泵站调查主要包括：设计规模与旱/雨季提升水量变化、设计水位与实际运行水位、雨季提升水量波动及雨天溢流情况、上下游泵站之间转输关系及运行状态。

（3）污水处理设施调查主要包括：设计规模、设计进出水水质、主要处理工艺、排放标准、进水泵房设计运行水位及溢流水位等基本信息；实际进水水质水量及旱/雨季变化、进水泵房运行控制水位等情况；雨季运行负荷变化和雨天溢流情况；达标出水排放去向及再生水利用情况；污泥处理处置情况等。

1.1.3　城市水体黑臭的主要影响因素

水体微生物厌氧反应产生的氨、硫化氢、硫醇、硫醚、有机胺、有机酸等还原性恶臭物质，以及硫化氢与水中的亚铁离子、锰离子反应生成的硫化亚铁、硫化锰等物质，是水体黑臭的主要因素。

氧化还原电位（ORP）、溶解氧（DO）、污染物浓度、微生物量、生态流速/换水周期和水温是城市水体黑臭的主要影响因素。

1. ORP/DO

（1）低 ORP 的微生物反应产物以还原性物质为主，是水体黑臭的根源；高 ORP 的微生物反应产物以 CO_2 和 H_2O 为主，黑臭风险较小。低 DO、高 ORP 的水体通常情况下无黑臭风险。

（2）实际工程中可将 ORP 作为城市水体的重要监控和预警指标，将 50mV 作为监控预警参考值，ORP 低于 50mV 的水体存在黑臭风险。

（3）通过投加化学氧化剂实现的高 ORP，一般不具有持久性，短时间的高 ORP 还会灭活微生物，影响水体自净能力，是工程中需要关注的问题。

2. 水体污染物浓度

（1）向城市水体排放的有机物，以及氮、磷等营养盐负荷超过水体自净能力，是城市水体黑臭最重要的原因之一。

（2）DO、NO_3^--N 或其他氧化性物质含量较高的城市水体，黑臭风险相对较小。

3. 水体微生物量

（1）微生物量及其活性是城市水体黑臭的重要影响因素，微生物量超过水体实际需求，而供氧或氧化性物质含量不足时，往往容易引起甚至加剧水体黑臭问题。

（2）人工曝气或投加生物菌剂的水体治理技术可以增加水体微生物量，提高水体自净能力。但微生物量增加后，必须持续供氧，否则容易形成厌氧环境，加剧水体黑臭。

（3）在有效控制外源污染并确保生态安全的情况下，通过投加化学消毒剂或生物抑制剂控制底泥微生物活性，可临时解决水体黑臭问题，但需关注生物活性和水体自净能力的恢复问题。

4. 生态流速/换水周期

（1）维持城市水体不黑不臭的生态流速/换水周期与水环境特征及污染物浓度等因素有关，污染物浓度越高，黑臭控制和水质维持需要达到的生态流速越高，或换水周期越短；水深越浅，水体流速和紊流程度越高，黑臭产生的概率越低。

（2）水体水质维持所需的生态流速/换水周期与温度有关，温度越高，所需生态流速越大，或换水周期越短。

5. 水温

（1）温度是微生物反应速率的重要影响因素，在一定的温度范围内，水温越高，微生物代谢对氧的消耗速率越快，还原性恶臭气体产量越大；高温可加速气体运动，增大气体向周边环境的扩散速度。

（2）夏季通常是黑臭问题的多发季节，秋冬季节水温相对较低，水体黑臭问题一般不突出。

（3）秋季落叶、冬季降雪污染和大气沉降污染沉积，加上水生植物腐败，可导致部分城市水体在每年3～4月出现较严重的浮泥和黑臭问题。

1.2 旱天污废水直排问题识别与诊断

1.2.1 旱天直排污废水类型

（1）旱天直排污废水主要指由企事业单位、厂矿企业、餐饮商贸、居民小区产生，并经管道、渠道或其他设施直接或间接排放至城市水体的污废水，包括尚未纳入污水管道的直排水、因管道错接混接等导致的分流制雨水管涵旱流水、因超过管道收集能力或污水处理厂处理能力产生的溢流污水等，是绝大部分城市水体污染的最主要来源。

（2）分流制雨水管涵旱流水主要指因管道错接混接、街边商铺废水直接排入，以及雨水管道清水入渗流、施工降水排入等，导致分流制系统雨水排放口旱天异常排放水。

（3）超过管道收集能力产生的溢流污水，主要指收集污水量增加、城市水体水倒灌、外来水入渗等导致管道输送水量超过设计能力，或因管道沉降、破裂、塌陷、异物侵入堵塞、沉积物堵塞等导致输送能力下降，从而使管道口、检查井旱天出现非正常冒溢或溢流的现象。

（4）超过污水处理厂处理能力产生的溢流水，主要指污水管道输送的水量超过污水处理厂最大处理能力而产生的厂前或管道沿线溢流水。全面截污纳管并输送至污水处理厂进行处理可能导致很多污水处理厂出现超水量溢流的问题。

1.2.2　旱天直排污废水调查与检测

（1）旱天直排污废水问题的调查和诊断方法通常包括公众调查法、资料审查法、直接观测法、降低城市水体水位观测法、潜水检测法等，实际工程中可根据城市水体污染状况及水位特征，选择技术可行、经济合理的调查诊断方法。

（2）水深相对较浅，或具有一定透明度的城市水体，原则上可利用污水的颜色和气味特征，采用观测排查法进行直排问题排查，并结合水质化验检测进一步识别诊断。

（3）旱天无排水功能要求或下游采取闸坝蓄水的城市水体，可通过降低下游闸坝高度、设置临时拦水坝或围堰、工程强排等方式，降低城市水体水位，并通过观测排查法进行直排问题排查和识别。

（4）蓄水水量或径流量相对较大，不具有降低水位条件的城市水体，原则上可采取专业潜水员潜入等手段进行排查识别，并结合岸上检查井调查等措施进行问题排污口的校核。

（5）水体沿线排水管网档案相对完善的城市，也可结合档案资料分析和岸上排水检查井的调查，确定雨水管涵或合流制管道溢流口是否存在旱天污水直排或溢流问题。

（6）旱天直排污废水的水质检测宜以 COD 和 $NH_3\text{-}N$ 为主，城市水体污染较重时，应对潜在排污口水质、污水处理厂进行水质和城市水体水质进行对比分析，应尽量避免直排污水截污纳管进一步拉低污水处理厂进水浓度。

（7）雨水排放口出现污废水临时排放情况时，应系统分析潜在来源，如有需要可补充测试 $NO_3^- \text{-N}$ 或其他特征指标。

1.3 降雨污染问题识别与诊断

1.3.1 降雨污染类型识别

（1）降雨污染主要指降雨冲刷地表污染物、管道沉积物并通过雨水排放口、合流制溢流口或沿堤岸漫流排放至城市水体而产生的污染问题，是城市水体治理和水质维持需要密切关注的重要污染源。

（2）降雨污染控制应以水体沿线分流制雨水口、合流制溢流口和污水处理厂厂前溢流口治理为主。

1.3.2 降雨污染问题调查与诊断

（1）餐饮泔水、洗车废水、环卫清扫垃圾、环卫路面清洗水等通过雨水箅子排入雨水管涵并形成沉积，是分流制排水系统降雨污染的主要来源。

（2）分流制雨水排放口的降雨污染物浓度通常具有明显的时间变化特征，在一定的降雨历时后，污染物浓度达到最大值。

（3）在一定的暴雨强度下，合流制溢流口的降雨污染物通常具有相对持续稳定的排放浓度。

（4）旱天高水位、低流速导致的颗粒物沉积是绝大多数合流制排水系统降雨期间污染物浓度持续偏高的最根本原因，是城市水体的最大污染源。

（5）单纯提高截流倍数，通常只是将雨污混合水输送至污水处理厂厂前溢流，并不能彻底解决降雨期间的城市水体污染问题。

1.4 底泥及漂浮物污染问题识别与诊断

1.4.1 城市水体底泥及漂浮物来源

（1）历史沉积形成或通过降雨冲刷进入水体的底泥，是城市水体污染物的重要来源，底泥污染释放是城市水体治理和水质保持需要持续关注的重要问题。

（2）城市水体沿线直排污水中的颗粒物、降雨冲刷进入水体的管道沉积物、清雪作业进入水体的大气污染物和地表沉积物、沉积到水底的各种岸带垃圾、水生植物残体及秋季落叶，都是城市水体底泥的主要来源。

（3）汽车修理行业或洗车行业含油污废水、街边餐饮业泔水直接或间接排入城市水体，可在水体表面形成油污状漂浮物。

（4）水体底泥微生物反应产生的气体，黏附于底泥表层，形成结构松散的片状或块状黑色浮泥，是初夏或高温季节常见的城市水体漂浮物。可通过底泥是否定期冒气泡和浮泥是否容易被外力破碎，判定是否为微生物反应产气携带污泥上浮问题。

（5）管道沉积物随雨水或施工降水冲刷进入城市水体，通常会形成结构致密、形态细小、难以通过外力破碎分解的黑色漂浮物，是城市水体降雨后的常见漂浮物。

1.4.2 城市水体底泥和漂浮物污染问题识别

（1）应结合城市产业布局更替情况，对水体底泥泥质进行预判，并选取水体交汇、转弯、断面突变、排口及周边区域等有代表性的地点或断面作为底泥调查点位；通过底泥释放试验或工程测试，研究底泥污染的释放规律及其对水体水质保持的影响。

（2）可采用柱状采样方式，并结合直观判断法或泥质特征检测法，对不同深度泥层的污染情况进行分析。

（3）应根据可选用的处理处置方式和相关控制性标准，开展底泥泥质特征调查。

（4）可将挥发性有机组分含量（VSS/SS）作为底泥污染问题识别和清淤深度判定的主要依据。

（5）水体表面漂浮物不仅会腐烂黑臭，还将直接影响城市水体的感官，并阻挡太阳光穿透，影响水生生物的新陈代谢，最终导致水体缺氧黑臭。

1.5　其他污染源识别与诊断

1.5.1　管道及箱涵沉积物污染

（1）系统排查和识别城市雨水管渠及箱涵的污染物沉积问题，重点关注餐饮行业倾倒泔水、环卫清扫及枯枝落叶、地表径流，以及管道错接混接形成的颗粒物沉积等问题。

（2）系统检查分流制污水管道和合流制管道旱季运行工况，尤其关注管道的充满度和流速情况，识别管道低流速引起的颗粒物沉积和检查井漂浮物问题。

（3）系统检查污水管渠系统，以及长期未清理的雨水管渠、箱涵系统敞口区域的恶臭问题，识别恶臭气体来源排放规律及对周边环境的潜在影响。

1.5.2　岸带垃圾污染

（1）系统排查水体蓝线范围内的垃圾收集设施，包括垃圾桶、垃圾中转站、垃圾堆放点，避免垃圾渗滤液、压榨液、降雨冲刷水进入城市水体。

（2）强化水体沿线餐饮行业的监督检查，确保厨余废弃物收集和存储设施周边干净整洁，设施内厨余废弃物清理及时，设施底部不存在液体渗漏问题。

（3）强化对水生植物、岸带植物及落叶的日常维护与管理，季节性收割的水生植物和岸带植物以及秋季清扫的落叶不得直接放置于城市水体沿线。

1.5.3　上游来水污染

（1）强化对城市水体上游来水及工程补水水质的日常监测，确保来水不会导致城市水体产生黑臭问题。重点对 DO、ORP 和 NH_3-N 三项黑臭指标进行监测，确保上游来水水质符合不黑不臭的水质要求。

（2）当上游水体沿线有居民生活区或畜禽养殖场时，可增加高锰酸盐指数、磷酸盐等检测指标。

（3）采用外调江河湖库水补水的，应强化对外调水叶绿素、藻毒素等指标的监测，同时可增加高锰酸盐指数、磷酸盐等检测指标。

（4）应将上游来水水质监测纳入日常监测范围，定期监测水质的变化情况，尤其是强化降雨期间的水质监测分析。

1.5.4　干湿沉降及降雪污染

（1）干沉降污染是指空气中的污染物沉降至水体中形成的污染。虽然干沉降的污染量有限，但也是雾霾易发地区缓流水体治理需要关注的污染源类型。

（2）湿沉降污染是指通过降雨或降雪直接进入城市水体形成的污染，不包括地表径流或管道冲刷形成的污染物。

（3）强化城市降雨，尤其是每年首场或持续干期较长后的降雨特征污染物监测，原则上可将 TN、NH_3-N 等作为主要监测指标；强化降雨污染对城市水体的影响分析。

（4）冬季降雪频繁的地区，应强化冬季降雪全过程污染变化特征及其对城市水体的影响分析，强化冬季降雪对水体底泥污染的贡献率分析。

1.5.5　工业企业偷排与事故性排放污染

（1）系统排查城市水体沿线工业企业排口，建立工业企业排口台账，强化工业企业排水行为的日常监管和水质监测，重点关注工业企业通过雨水管网排水的行为。

（2）结合工业企业入河排污口审批情况，系统分析排水水质水量对城市水体污染的贡献及对水体黑臭的影响。重点关注含重金属、难生化降解有机物及高盐废水的工业企业排水行为。

（3）强化工业企业事故性排放管理和城镇污水处理厂停产检修过程污染物排放管理，系统分析上述行为对受纳水体的影响，建立相应的应急预案。

1.5.6　施工降水污染

（1）强化施工降水排放管理，原则上应搭建专用管道用于施工降水排放。使用现有雨水管涵排放时，应加强末端雨水口水质监测，以避免施工降水将雨水管涵淤泥冲刷至城市水体。

（2）强化施工降水颗粒物、透明度的监测评价，应采用快速净化设施对工程施工泥浆水进行处理后排放，避免直接排放影响城市水体的透明度和其他感官效果。

（3）强化施工降水 ORP 和 NH_3-N 监测，ORP 低于 50mV 或 NH_3-N 超过 8mg/L 的施工降水，原则上应自建设施处理至满足不黑不臭要求后方可排放。

第2章 城市水体设计理念与治理技术路线

2.1 城市黑臭水体治理与水质保持技术路线

2.1.1 总体原则

水体整治技术路线应以恢复和构建城市健康水环境为目标，兼顾水资源、水环境、水安全、水生态与水景观要求，遵循"控源截污、内源治理；活水循环、清水补给；水质净化、生态恢复"的基本思路，实现城市不同功能区目标要求。

（1）科学决策，顶层设计。根据城市水体所在地理位置和资源特征，科学界定水体功能，明确城市水体的资源属性、排水防涝和景观休闲功能；以公众健康、城市安全、生态环保、环境宜居为核心目标，按水体的功能属性及与周边水系的关系，进行城市水体的总体设计。

（2）蓄排并重，流速保障。结合城市水体的功能定位和所在区域特征，合理划定蓄水净化段和排水段，通过灵活多变的水体断面设计，实现排水防涝和景观休闲功能的有机结合，确保雨季行洪安全和旱季必要的生态流速。城镇污水处理厂出水应作为缺水地区城市水体的首选水源。

（3）多措并举，总量减排。以进入城市水体的可生物降解污染物（重点关注 BOD 指标）总量控制为首要目标，对各种沿河排污口进行截流并分类处理排放；可采取现场快速净化措施对水体沿线雨季排放口或溢流口污染物进行处理，有效削减入河污染物总量。

（4）上下联动，区域统筹。强化城市水体治理的系统性，体现水体治理工程的协同理念，注重水体上下游、左右岸的协同治理；加强对上游来水和支流汇入水的水质监测，必要时宜采取一定的工程净化措施。

（5）近远结合，长治久清。通过工程治理措施和强化管理手段实现水体"不黑不臭"的近期目标，并逐步恢复水体生态完整性及自然净化功能；建立和完善城市水体的日常维护、监督评估、监测预警和公众参与机制，实现城市水环境质量持续改善的远景目标。

2.1.2　总体技术路线

城市水体整治应遵循区域/流域总体规划要求，确定水体整治目标，并制定系统性、综合性和科学性的水体整治技术路线和方案。

（1）城市水体整治应体现以人为本的基本理念，以全面打造安全、和谐、生态的亲水景观水体为目标，强化水体的系统性顶层设计，科学制定枯水期生态用水保障方案和暴雨期间排水防涝方案。

（2）城市黑臭水体整治应从彻底控源截污、保障生态流速/换水周期、提高自净能力和强化监管养护四个方面入手开展工作。通过外源污染截控、内源治理和水质净化等工程措施，有效解决历史污染问题，阻断持续性、阶段性和瞬时性点源和面源污染排放，实现"水变清"；通过水体循环、生态补水和断面设计等技术手段实现"水流动"；通过海绵城市建设、堤岸生态修复、生态与人工增氧等措施强化"水自净"。

（3）雨水冲刷管道沉积物是降雨污染的主要根源。在雨水管道入河口或合流制溢流口设置快速净化设施，可有效削减降雨期间的沉积颗粒物入河量，在避免雨后城市水体黑臭的同时，实现入河污染物总量削减。

（4）可通过合理的断面设计，辅以再生水等非常规水源补水、旁路治理耦合水体自循环等技术手段，实现稳定的生态流速，营造必要的水生植物生长环境，提高水体自净能力，有效防止城市水体黑臭。

① 应根据可利用水资源量，合理设置水体断面，有效控制水体常水位，提高水体流动性，并通过河道弯曲设计的方式，在一定程度上增加水体复氧能力，可有效缓解水体黑臭问题；对于湖库型城市水体，在确保必要的换水周期的前提下，可考虑增设一定的水力学增氧造流设施。

② 应结合不同地区的降雨量特征和不同水体的可利用水资源特征，构建枯水期生态补水方案和用水量保障体系，并根据枯水期水量保障体系要求，确定最佳的城市水体断面结构、水体整治工程建设模式和下渗量调控方案。

③ 城市水资源相对发达、周边河道水系水位相对较高的地区，或河道水位变化明显、波动频繁的城市水体，宜采用传统的梯形或矩形断面设计思路，工程中可根据该地区常年水位变化特征，或上下游水体水位标高及其波动情况，合理设置断面水位，并使水体水位尽量保持在满足人类亲水活动需要的高度；橡胶坝或闸坝类城市水体，其水位波动受周边水体水位的影响相对较小，受上游补水水量波动的影响相对较大，此时宜考虑选用梯形断面，以降低补水期间的水位波动影响。

（5）科学实施水体底泥清淤工程，有效清除历史形成的底泥沉积物，并为水生动植物生长和繁殖保留必要的营养组分。尽量避免选用以底泥覆盖、化学氧化或生物抑制为主要原理的历史污染底泥原位化学修复技术，以免影响生物的正常生长和繁殖。

（6）在排水防涝等条件允许的情况下，可将城市水体维持在有利于沉水植物生长的水深范围，充分发挥沉水植物的水体净化功能，提高城市水体的自净能力，逐步推进城市水体生态恢复进程，实现水系统健康可持续发展。

（7）有条件的地区可通过工程措施或技术手段，将生态化处理后的城镇污水处理厂出水或其他非常规水源水作为非人体直接接触类城市水体的补充水源，以提高水体流动性和水中氧化性物质含量。

（8）贯彻落实"河长制"，加强城市水体公众监管机制建设，强化城市水体及环境设施的日常监管和养护，将城市入河排污口检查巡视和排水设施健康诊断纳入工作范畴，加强入河排污口水质监测、水体漂浮物清理、水生植物收割、管道清通养护和水体底泥疏浚工作，强化城市水体日常巡视养护人员配置和资金保障。

2.1.3 治理工作优先顺序

城市黑臭水体整治技术路线和方案应体现系统性、综合性和科学性。整治技术路线与单元技术选择应结合水体自身特点和自净能力季节性变化特征，对不同类型水体，在不同整治阶段采取不同的整治策略。

（1）根据水体污染问题调查、整治目标要求和整治技术路线，确定主体工程项目清单，明确建设内容和工程规模，匡算工程设施投资，预测工程整治效果和成本。

（2）根据城市水体不同汇水分区的污染贡献强度及整治工程量，基于总量控制和风险管控原则，宜优先控制重点汇水分区及其重点污染区域。

（3）加强存量工程盘点和能效评估，注重增量工程与存量工程的系统衔接，宜优先实施效果改善明显的工程项目或工程内容。

（4）控源截污和内源治理是选择其他工程措施的基础与前提。水体底泥清淤工程宜在截污纳管基本完成后实施；水体生态恢复宜在截污纳管、底泥清淤基本完成，水体水质得到有效改善后实施。

（5）实施控源截污工程的同时，应加强对相关污水处理设施运行情况的系统分析。现有污水处理设施不能接纳控源截污工程新增污水量时，应采取必要的临时措施对超量污水进行净化处理，同步启动污水收集系统效能提升工程或污水处理厂扩建工程。如果周边区域的污水处理厂已经处于满负荷或超负荷状态，不具备接纳截流污水的能力，就需要尽快建设具有有机物和氮磷去除能力的一体化处理设施，将污水就地处理后排放，有效削减入河污染总量。

（6）系统总结投诉事件的发生规律，并将其作为未来开展水体治理和水质保持工作、制定阶段性保障措施的主要依据。

（7）可通过工程措施和技术手段的融合，实现对季节性、阶段性和事故性污染的有效控制，同步高效耦合海绵城市建设、水体生态化改造和其他工程技术手段，有效提升水体自净和生态修复能力，逐步实现城市水系统的良性循环和健康发展。

2.1.4 水体透明度改善策略

（1）结合可利用水资源量，合理设计水体断面，适当降低水体常水位，可减小过水断面面积，保障必要的城市水体流速，提高颗粒物碰撞吸附沉降性能和大气复氧能力；同时，降低水体水位可提高太阳光透射，促进沉水植物生长，明显提升水体透明度等感官效果。

（2）观赏性鱼类较多的景观性水体岸带设计，需考虑鱼类频繁活动可能引起岸边浅水区泥土上翻，避免影响感官效果。对鱼类活跃的堤岸进行硬化处理，不仅不利于鱼类活动，还可能对鱼类造成伤害，而铺设一定比例的卵石、砂石或种植水生植物，可以在很大程度上控制鱼类剧烈运动导致的底泥扰动现象。

（3）构建生态型城市水体，利用植物根茎表面良好的好氧微生物环境，快速吸附水体中的颗粒物、胶体物质和还原性有机物，通过水生植物光合作用提供的溶解氧实现有机物的去除。采用该技术措施可同步改善城市水体 DO 和 ORP。应尽快通过降低城市水体水位的方式，强化水生植物对太阳光的吸收作用。有条件时可向水中喷洒一定量的、对水生生态影响相对较小的化学混凝剂，强化颗粒物和胶体类物质的吸附沉淀性能，可在一定时间内提高水体透明度，为水生植物生长创造条件。

2.1.5 水体 DO 改善策略

（1）稳态的 DO 可间接表征城市水体的自净能力、受污染程度或受到污染后的恢复能力。水体稳态 DO 越高，表明水体的污染程度越低，自净能力或抗污染能力越强。

（2）具有一定生态流速和透明度、水深相对较浅的城市水体，可通过弯曲多变的断面结构和凹凸变化的水体底部结构设计，强化紊流扰动，提高自然复氧能力。

（3）水深相对较浅、底部未进行硬化的城市水体，可构建以沉水植物为主的水生生态系统，通过植物光合作用向水体释放氧气，持续提高水体的 DO 水平。根系较短，水下结构不发达的浮岛类水生植物向水体供氧的能力和效果相对较差。

（4）以人工曝气为核心的 DO 改善技术，在设施停机后 DO 会快速降低，一般仅适用于水质和感官效果相对较好的城市水体，不推荐用于污染型或仍存在黑臭问题的城市水体。

（5）局部人工曝气会加速曝气区的微生物生长和繁殖，微生物扩散导致非曝气区微生物量增加，从而引发过度耗氧问题，不宜作为尚未消除黑臭的城市水体生物功能强化措施，也不宜用于缓流型城市水体治理。

（6）可选择好氧活性污泥、人工湿地净化或水生植物生态修复等旁路治理或就地处理技术，强化溶解性有机物和 $NH_3\text{-}N$ 去除，提高水体 DO 水平。

2.1.6 水体 ORP 改善策略

（1）持续性的稳态 DO 提升措施，尤其是以沉水植物为核心的原位生态修复技术，可较好地改善城市水体 ORP。

（2）城镇污水处理厂出水 ORP 通常高于 100mV，可作为城市水体补充水源，有助于利用其 ORP 和 $NO_3^-\text{-}N$ 优势，缓冲水体中还原性污染物对水质的影响，具有提升水体 ORP、避免水体黑臭的功效。

（3）化学氧化剂改善水体 ORP 的同时，可能抑制水生动植物的生长和繁殖，仅可作为临时性应急措施，不得作为黑臭水体治理的主要技术手段。

2.1.7 水体 $NH_3\text{-}N$ 改善策略

（1）对直排污废水进行截污纳管并输送至污水处理厂处理，降低入河污染物总量，是控制城市水体 $NH_3\text{-}N$ 指标最直接、最有效的方式。

（2）可利用水体微生物，尤其是水面下水生植物体附着的微生物，通过硝化、反硝化等反应，将 $NH_3\text{-}N$ 转化为硝酸盐，再以氮气等形式从水体中去除；也可通过植物或生物生长吸收转化去除 $NH_3\text{-}N$。

（3）化学混凝、磁分离等物化方法去除 $NH_3\text{-}N$ 能力有限，应辅以必要的生物或生态措施，去除水中的溶解性有机物和 $NH_3\text{-}N$。

2.2 基于水资源特征的水体构建理念

2.2.1 水资源紧缺型城市水体

（1）水资源紧缺型城市水体，主要是指旱天可利用水资源量相对较少，以调取城市外水资源或利用城市再生水作为主要补水水源，雨季又具有排水防涝或蓄水功能要求的城市河道或湖库水体，多数位于北方干旱缺水地区。

（2）应结合水体所在区域地理位置、可利用水资源量、排水防涝要求和降雨特征，合理地进行水体断面选型和设计。旱天水资源紧缺型城市水体宜采用复式断面结构。

（3）城市水体蓝线宽度有限、人类活动比较频繁或雨季短时降雨量较大的区域，可按复式断面结构设计。其中，上层断面的直立护岸部分宜按不透水的硬化结构设计，中部水平平台可按硬化或生态化的人行道结构设计，底部可按生态化结构设计。

① 应合理确定复式断面水体常水位以下的过水断面形式，在实际工程中可按矩形、梯形或不规则断面设计。

② 根据当地的地理条件和环境特征，通过人工弯曲结构、河道底部铺设不规则卵石、梯级跌水等方式强化河道复氧能力；为满足复式断面结构城市水体枯水期的景观娱乐功能，从安全性、景观效果和复氧能力等角度考虑，常水位以下的水深不宜过深，水位较深时应设置必要的安全防护设施。

③ 水体底部可部分选用半硬化半生态化的透水结构，为水生植物生长和水生动物栖息提供保障；常水位以上的部分按照矩形或梯形结构设计，宜选用机械强度和透水性较好的工程护岸材料，以满足行洪和排水要求。

（4）降雨较均匀、人类活动相对较少、可利用蓝线宽度较大的区域，上层断面可按半硬化或生态化的梯形结构设计，中部水平平台可按生态化的人行道结构设计，底部可按生态化结构设计。

（5）水体周边具有比较开阔的人类活动缓冲空间，或人类活动相对较少的水体区域，可直接采用梯形断面结构进行总体设计，全河道以生态化结构为主，涉及可能引起市政设施或公共安全问题时，应采用硬化结构。

2.2.2 水资源充沛型城市水体

（1）水资源充沛型城市水体是指水资源量常年比较充沛，有一定的旱季径流量和生态流速的城市水体，多数为穿越城区的流域水系及其支流或连通水体，不包括通过闸坝进行物理拦截形成的大水面水体。

（2）应根据常水位条件下的水力学特征和排水防涝要求，从保障城市基础设施和公共财产安全等维度进行水体结构设计，应在常水位之上保留必要的排水防涝空间。

（3）旱季常水位波动不明显的城市水体原则上可按复式断面结构设计，下断面可按梯形或矩形设计；上断面和人行步道原则上可按硬化结构设计，并应设置护栏等必要的安全防护设施，以提高人类活动空间的安全性。

（4）人体接触相对较少的城市水体，原则上可按矩形或梯形断面结构设计；径流量或流速较大时，需重点关注水力冲刷可能导致的水土流失等问题。

2.2.3 感潮河段城市水体

（1）感潮河段城市水体主要是指受潮汐顶托或流域水系水位波动影响，水流状态或流动方向具有明显的时变化或日变化特征的城市水体。

（2）下游入海口设置拦截坝且坝顶高度超过正常涨潮潮位

的水体，原则上不属于感潮河段水体。

（3）感潮河段水体可按复式断面、梯形或矩形断面设计。按复式断面结构设计，且水位线之上设置景观休闲亲水平台时，原则上亲水平台或沿岸人行步道标高应与常规高潮潮位之间保持 30～50cm 或更高的安全保护高度。

2.3　基于城市功能定位的水体设计理念

2.3.1　核心商务区

（1）核心商务区是指商业相对密集，昼夜人口流动性比较大的城市中心地带或重要的黄金区域，包括中心商务区、文化娱乐区、行政区等，以高楼大厦、硬化路面为主，辅以少量景观水体、绿化广场等结构，居民住宅楼宇占比相对较低的城市区域。

（2）核心商务区的水体设计应以公众和公共财产安全为首要前提，水体堤岸宜按硬化或半透水结构设计，确保必要的亲水景观效果。

（3）核心商务区水体选用复式断面结构，且将中部水平平台设置为人行休闲步道时，原则上宜采用不透水堤岸结构，或设置必要的排水渠，以避免园林浇洒、路面冲洗或夏季洒水降温导致的地表径流下渗污染问题。

（4）核心商务区水体选用梯形或矩形断面结构时，原则上应确保必要的水深和生态流速，避免高温季节出现底泥厌氧上浮和水体富营养化等问题。

（5）调用城市外的江河湖库水作为城市水体主要水源时，应分析沿程的水量平衡，避免过量入渗地下加剧沿程水量损失，影响下游区域的生态流速；应评估外来物种对土著生物的生态影响。

（6）核心商务区的雨水口、合流制溢流口、再生水补水口等的底部标高，应设置于城市水体常水位之上，以便随时发现排污行为，同时应关注管道底泥沉积和敞口区域恶臭气体排放问题。

（7）再生水用作城市核心商务区景观水体补水水源时，需监测大肠菌群等微生物学指标，必要时可增加消毒设施，以降低人体直接或间接接触的潜在卫生学风险。

2.3.2　商住混合区

（1）商住混合区是指商业网点和楼宇住宅混合、居住人口相对集中的区域，商业网点以办公楼宇、小型商业或超市、文化教育、餐饮娱乐以及各种支撑居民日常生活的商业楼宇为主。

（2）商住混合区水体设计需重点关注公众安全和亲水景观效果。

（3）一定的生态流速或换水周期是城市商住混合区水体水质保持的最基本要求。

（4）天然形成的、径流量相对较大的天然河流或大型湖库，宜维持自然状态，也可结合公众安全和亲水景观需要，采取必要的硬质护岸或亲水平台等工程措施。

（5）水资源紧缺、旱天流量较少且无滨水缓冲带的水体，护岸形式可按硬化结构设计，以规避污水偷排或事故性排放、降雨冲刷沉积污染等问题。

（6）采用半硬化或生态化结构时，应建立并实施岸带及水生植物收割管理和雨后漂浮物清捞管理制度。

（7）再生水用作城市商住混合区景观水体补水水源时，应加强微生物学指标监测，降低人体直接或间接接触的潜在卫生学风险。

2.3.3 休闲景观区

（1）休闲景观区即包括以自然生态为主、占地面积较大、区域相对独立、具有休闲娱乐功能的城市景观公园、湿地公园等景观旅游区，也包括城市核心商务区或商住混合区内人工打造的、具有一定规模的生态休闲景观区域，以及位于城市建成区外的郊野公园、湿地公园等。

（2）休闲景观区水体设计应优先保障公众安全和生态功能，兼顾休闲娱乐功能。

（3）休闲景观区大多数围绕自然水体或具有确定补水水源的人工水体建设，具有较高的水面率。

（4）位于核心商务区或商住混合区内的休闲景观水体多以生态型、间接接触类景观娱乐水体为主，宜建设慢行步道、水上步道、游船等水上娱乐设施，非娱乐性人工水体应以生态型或半生态型结构为主。

（5）位于郊野、城乡结合部的休闲景观区水体多以生态型、非接触类景观水体为主，也包括部分接触类景观娱乐水体，水体周边多以"海绵型"绿地、道路和停车场为主，区域内新建非娱乐性人工水体应以生态型结构为主。

2.3.4 工业集聚区

（1）工业集聚区是指位于城市建成区范围内，规划和建设比较规范的城市工业区，多数以微型、环保低碳的新型工业产品加工制造，以及相关的产品设计、技术开发、营销管理和技术服务为主，不包括污染型重工业集聚区。

（2）除天然湖库或径流量相对较大的天然河流外，原则上所有工业集聚区内水体（包括人工水体），都宜按硬化或半硬化结构设计，以避免工业企业偷排、事故性排放，或者厂区内地表污染物或合流制污废水经降雨冲刷或溢流进入水体、沉积并造成水体底泥污染，加大底泥治理成本。

（3）有条件的地区，应积极将城市再生水或工业集聚区内集中式污水处理厂高品质出水用于工业集聚区水体补水。

2.3.5 城郊结合区

（1）城郊结合区包括城中村、城乡结合部等区域，属于城市化快速推进过程中，因耕地被征用但居民仍在原居住区生活而形成的区域。

（2）对于无天然湖库或过境河流，且水资源相对紧张的城郊结合区，原则上宜选用相对封闭的生态型水体辅以生态驳岸的设计理念，并强化水体内部自循环与旁路净化耦合等水质保持技术，在构建城市水景的同时实现污染总量控制。

（3）应强化城郊结合区水体周边暗渠或箱涵改造和监督管理，已经实施雨污分流的城郊结合区，可将河水或再生水引入暗渠或箱涵，有效规避暗渠或箱涵恶臭以及降雨污染溢流问题。

第3章 污染源控制与治理技术

3.1 旱天直排污废水末端截流与控制技术

3.1.1 旱天直排污废水分类收集技术要点

（1）应根据旱天直排生活污水的调查检测和溯源分析结果，对水体沿线污废水直排口进行分类收集和分类处理，促进排水系统提质增效。

① 生活污水 COD＜60mg/L 或 NH₃-N＜8mg/L，但透明度或色度较差时，应设置单独的快速净化设施，就地收集并就地处理，水量较小时可并入其他快速净化设施处理。这种低浓度生活污水不应直接收集至城市污水管网系统，以免影响污水处理厂运行效能。

② 生活污水 COD＞60mg/L 或 NH₃-N＞8mg/L 时，应强化来源和未来变化特征分析，分类采取应对措施。对于远期可通过污水收集系统提质增效的工程实施等工作解决的污染源问题，应采取临时快速净化措施，以免投资浪费。

③ 生活污水 COD＞150mg/L 或 NH₃-N＞15mg/L 时，应通过永久性污水管道工程或临时性污水收集设施，收集并输送至污水处理厂进行达标处理，现有污水收集系统无法覆盖的区域，应因地制宜地建设分散式污水处理设施。

（2）污废水处理达标后直接排入城市水体的工业企业，应获得相关管理部门的入河排污许可。已经获得入河排污许可的工业企业，其废水不宜再接入城镇污水收集系统，发现偷排或超标排放行为的，应交由相关部门处理。

（3）强化现有城镇污水处理设施运行负荷变化情况及区域排水系统调度能力分析与评估。现有污水处理设施的冗余处理能力不能满足截污纳管新收集污水量时，应建设临时处理设施，并尽快启动污水收集系统效能提升工程和永久性污水处理工程建设。

（4）超过管网输送能力或污水处理厂处理能力而产生的旱天溢流污水，原则上应采取临时快速净化设施处理后排放，并尽快启动污水收集系统效能提升工程和永久性污水处理工程建设。严禁城区截流的污水不经处理直接排入其他水域。

（5）因管网破裂、塌陷、异物侵入等结构性缺陷或管道沉积、逆坡等功能性缺陷导致污水管道溢流，或因管道错接混接导致雨水管涵旱天直排的，应系统地实施排水系统问题甄别、管道修复及错接混接改造工作。

3.1.2 旱天直排污废水截流系统设计要点

（1）对于拟收集输送至污水处理厂的直排污废水，应根据直排区域的属性和开发程度，合理确定收集系统的建设性质和使用年限。城市待开发或待改造区域，宜建设临时收集设施；城市已开发地区应建设永久性管道工程。

① 已规划整体拆迁但近期仍暂时保留的老旧城区、城乡结合部等区域，其污水直排口治理工程应结合拆迁计划和管道布局进行规划建设。拆迁区域内应按临时性污水收集设施建设，区域外管网应按永久性工程建设。

② 在拆迁范围内，但原有路网结构相对完善、拆迁基本不会改变道路布局的，可在道路两侧铺设永久性污水管网。

③ 在水体沿线范围内，近期不在拆迁范围内的居民楼、餐饮业、商铺等排水户，应尽快规划建设永久性排水管道入户工程，避免生活污水直排入河；永久性工程实施周期较长时，应

考虑采取必要的临时截污措施。

④ 已在污水收集管网服务范围内，但由于种种原因尚未纳入市政污水管网的企事业单位、居民小区和沿街商铺，应尽快督促污水管道接驳服务，将其生活污水纳入污水收集范畴。

（2）水体沿线的直排污废水，原则上均应采取管道方式进行截流收集，严禁通过排污明渠收集。

（3）原则上不得建设敞开式污水调蓄池，不得利用洼地进行污水临时存储。确有必要进行污水调蓄的，需对调蓄设施进行防渗和除臭处理，并加强蓄水设施的日常维护管理，避免新增水体黑臭和恶臭源问题。

（4）强化水体沿线居民、餐饮业等的排污管理，尽快将其接入现有城市排水管网系统。不具备接入条件时，可在水体沿线敷设管道进行集中收集后，通过重力流或泵抽送的方式输送至现有城市排水系统。

（5）原则上不得将截污管道设置于河道内。水体周边无污水管位，截污管道必须设置于河道内时，管网及附属设施不得影响城市水体的排水防涝功能。

（6）敷设于河道内的截污管道，其所有可能产生倒灌的附属设施均应高于设计的雨季水位高度。

（7）新建截污管线设计坡降，原则上应不低于1‰且不得有逆坡，以确保管道按正常设计条件运行，避免出现污染物低流速沉降问题。

3.1.3 旱天直排污废水就地处理技术要点

（1）城镇污水处理能力不足、永久性设施尚未建成投运时，通常可在污水提升泵站、污水处理厂溢流口等位置设置临时快速净化设施，对直排污废水进行临时净化处理后排放。

（2）临时快速净化设施通常以 COD、TP 和 SS 的去除为主，可选用停留时间短、占地节省、运行管理简便的一体式或装配式化学混凝沉淀、磁混凝等一级强化工艺设备。

（3）旱天直排污水的分散式净化设施应具有 NH_3-N 去除功能，处理工艺可采用一级强化处理＋好氧 MBBR 工艺，或者一级强化处理＋传统曝气工艺，或者带有好氧曝气的一级强化处理工艺，处理出水可就近排入城市水体或作为其他非传统水资源使用。

（4）应随时关注就地处理设施出水 NH_3-N 的变化，避免就地处理设施出水 NH_3-N 浓度过高导致城市水体出现黑臭问题。

（5）加强城市水体沿线污水分散式净化设施的功能性诊断和出水水质日常监测，可重点对 NH_3-N、ORP 和 DO 指标进行监测，有条件的也可将高锰酸盐指数或 BOD 列为定期监测指标。

3.2 排水系统改造修复与污染控制技术

3.2.1 合流制排水系统污染控制技术要点

（1）合流制系统不仅承担着收集污水的功能，还承担着收集输送雨水、避免城市内涝、保障城市安全、避免管道冒溢的重要功能。城市降雨通过合流制管道排放是实现上述功能的重要途径。

（2）受旱季颗粒物沉积的影响，我国大部分地区的合流制排水系统雨季溢流污染物浓度通常不低于下游污水处理厂进水浓度，应采取溢流污染控制措施。

（3）合流制排水区域的污水处理厂未设计雨季处理能力时，原则上不宜通过提高截流倍数的方式达到降低溢流频次的目的，否则容易出现污水处理厂厂前溢流的情况。

（4）可在合流制管道入河口处设置雨水快速净化设施，快速去除通过合流制排水口排入城市水体的可沉淀颗粒物、胶体类污染物和总磷，在有效降低入河污染物总量的同时，避免降雨冲刷管道沉积物进入城市水体，导致形成黑色细微漂浮物、河道底泥增加以及各种生活垃圾漂浮物问题。

（5）鉴于我国城镇污水处理厂的进水水质和污泥泥质特征，不宜通过提高污水处理厂进水量的方式进行合流制溢流污染控制，以免过多的无机固体截留沉积，进一步降低生物系统的 MLVSS/MLSS，影响系统效能；避免污水处理厂污染物负荷过度增长，影响出水稳定达标。

（6）可利用污水处理厂的冗余处理能力与所设置合流制溢流污染控制调蓄设施的要求不匹配时，原则上不宜采用调蓄池作为合流制溢流污水的收集措施。考虑到腾空周期的要求，降雨频繁地区不应建设以污染物去除为主要功能的合流制调蓄设施。

3.2.2 分流制雨水系统污染控制技术要点

（1）对分流制雨水管道系统进行全过程诊断与分析，强化管道错接混接问题改造，强化地下水或地表水渗入点治理，强化餐饮业和洗车业废水排入管理，可以在很大程度上缓解分流制雨水管涵旱天污水直排问题。

（2）在近期无法有效地实施分流制系统改造时，按本书第3.1节的技术要点进行分流制排水系统末端截流，可有效地降低分流制雨水管道旱天污染物入河量和降雨冲刷入河量。

（3）加强分流制雨水管道错接混接、餐饮业废弃物排入、洗车废水排入、环卫清扫和清洗作业废弃物排入管理，避免形成雨水管道沉积污染。

（4）原则上雨水管道底泥冲洗水应输送至城镇污水处理厂处理后达标排放。污水处理厂处理能力不足时，可通过快速净化设施处理后排放。

（5）加强城市雨水箱涵巡查和管理，严格控制污废水排入河湖和地表水、地下水入渗问题，避免形成潮湿厌氧条件，产生蚊蝇滋生、恶臭散发等问题。

（6）在分流制雨水管道入河排污口设置满足排水防涝要求的雨水快速净化设施，可以在很大程度上解决我国特有的城市降雨径流污染和雨水管道冲刷污染问题。

（7）为避免影响城镇污水处理厂的稳定运行，不宜将调蓄池作为初期雨水污染控制设施，降雨频繁地区不应建设以污染物去除为主要功能的初期雨水调蓄设施。

3.2.3 管涵沉积物清理与控制技术要点

（1）雨季来临前通过工程措施或技术手段，清理排水管道中的沉积物或漂浮物，可有效地降低沉积物或漂浮物的降雨冲刷入河量，避免降雨后城市水体出现黑色细微漂浮物、底泥沉积物和生活垃圾漂浮物等问题。

（2）合流制管道应按设计工况运行，雨季来临前应采取阶段性低水位模式运行，通过减小过水断面提高管道内的水体流速，利用高流速的冲刷作用，有效去除管道内的旱季沉积物。

（3）应定期开展分流制系统雨水箅子、管道、检查井和箱涵的清理与养护，强化雨前清淤，以减少降雨期间雨水管道的污染物入河量。

（4）实施环卫行业、餐饮业、洗车行业排水系统改造，强化排污许可管理，严禁餐饮泔水、枯枝落叶、环卫清扫水、洗车废水通过雨水箅子排放。

3.2.4 排水系统改造与径流污染控制技术要点

（1）城市排水系统的改造与完善是补齐城市短板、实现城市水生态修复的长期工作内容，对城市黑臭水体的治理具有积极的推动作用。

（2）按系统化思维对排水系统进行全方位监测评估与运行诊断，全方位评价城市建成区的排水体制以及水体黑臭与排水体制的关系，对城市排水系统修复与完善工作进行科学决策。

（3）以城市居民小区污水总排口水质检测结果作为小区排水系统改造或修复的主要依据。

（4）原则上污水总排口 COD 平均值小于 200mg/L 或 NH_3-N 平均值小于 20mg/L 的居民小区，应重点强化排水系统改造；COD 平均值大于 500mg/L 或 NH_3-N 平均值大于 50mg/L 的居民小区，近期可不作为排水系统的改造对象。

（5）宜将小区楼宇排口、水体周边检查井，以及餐饮、洗浴、洗车等重点排水户作为拟改造居民小区排水问题识别的主要节点，以 NH_3-N 作为基本评估指标，将 NH_3-N 低于小区总排口 50％的节点作为主要改造对象。

（6）实施阳台排水系统改造时，原则上应将原雨水立管顶部断接密封，合理增设阳台污水接驳口，作为阳台污水收集管道；应按照海绵城市建设技术要求重新设置阳台雨水收集系统。

（7）通过对城市居民小区、绿地、道路广场的海绵化改造，有效地提升雨水下渗能力，可以在一定程度上降低进入合流制管网的雨水量，缓解合流制排水系统雨季溢流问题。

（8）应系统梳理管道运行水位、城市水体常水位和地下水水位的高差变化，基于"水往低处流"的基本规则，研究确定污水外渗、地下水入渗、河水倒灌等问题的关系，科学决策管网改造重点。

（9）地下水位低于污水管道设计运行水位或管底标高的城市，可通过适当降低城市水体水位，减少城市水体向排水系统的入渗和倒灌量。

（10）应强化合流制排水系统的全流程问题诊断，实施系统化分流制改造，避免局部改造产生的清水入渗或入流影响问题；避免只改造市政管网、不改造居民小区产生的小区出口降雨冒溢问题。

（11）实施合流制排水系统的分流制改造时，应将原合流制管道改造为分流制雨水管，同时新铺设污水管道，以保障工程质量和运行条件。

3.3 城市水体底泥污染控制技术

3.3.1 城市水体底泥清淤技术要点

（1）应通过工程措施将因污废水长期排入形成的水体底泥清出并进行异地处理，避免底泥污染物释放，造成治理后水体再次黑臭。

（2）应根据城市水体所处的地理位置、工程实施条件、底泥污染状况等，合理选择城市水体的清淤模式。

（3）城市水体清淤应尽量选择在低温季节、枯水期实施；气温较高时，应适当喷洒恶臭抑制剂或防蚊蝇药剂，避免底泥清淤对周边环境造成不利影响。

（4）可将底泥清理至灰褐色或 VSS/SS 不高于 10％作为城市水体底泥清淤深度的主要判定依据，避免过度清淤，为水生生物保留必要的生长繁殖环境条件。

（5）以水生植物为主的生态型城市水体，可将 VSS/SS 比值提高至 20％，为水生植物生长保留必要的营养成分。

（6）城市水体底泥清淤应与排水防涝工作有效结合，原则上不得因清淤工作侵占水体排水防涝空间或影响排水防涝功能。具有排水防涝功能的硬化型城市水体，应结合排水防涝的功能要求，合理控制底泥层，避免降雨冲刷形成区域性污染。

（7）应在底泥清淤工程实施前对水体周边设施的安全性进行评估，清淤工作不得影响水体沿线截污箱涵、道路、建筑物及其他市政基础设施的结构性或功能性安全。

3.3.2 城市水体底泥原位控制与修复技术要点

（1）城市水体底泥原位修复主要通过一定的工程措施或技术手段，提升水体的自净能力，降低厌氧微生物活性或者提高水体的氧化还原电位，减少还原性恶臭气体产量；实现水体底泥污染物的自然净化和水环境的健康发展。底泥原位控制主要通过沉水植物生长或投加生物菌剂、化学药剂抑制生物生长。

（2）市场常见的底泥原位控制与修复技术主要包括化学药剂法和生物菌剂法，其中化学药剂法多数为底泥原位控制技术，生物菌剂法多为原位修复技术。

（3）底泥原位控制与修复技术一般仅用于底泥沉积问题不突出（如污染底泥层深度小于 30cm）、污染相对较轻（如表层底泥 VSS/SS 低于 30%）的城市水体修复与水质保持。

（4）底泥原位控制技术通常需要一定的混合、搅拌和反应条件，底泥覆盖技术通常难以彻底解决受污染底泥的厌氧产气问题，容易出现恶臭气体长期积累后形成的局部剧烈浮泥（鼓泡）的情况，一般不宜用于污染泥层较深的城市水体。

（5）向城市水体中过量投加化学沉淀药剂，可降低水体中颗粒物含量，提高水体透明度，短期内缓解水体黑臭问题，但反应条件比较苛刻且形成的底泥结构松散，轻微的扰动或水力冲刷就可能破坏沉淀层。

（6）向城市水体中过量投加化学氧化剂，可提高水体底泥的氧化还原电位，避免还原性恶臭气体和黑色底泥的产生，但化学氧化剂通常会影响水体的微生物活性增加后期的运行维护成本；这种通过降低微生物活性的治理方式，还会直接影响水体自净能力，甚至引发微生物变异反应，存在一定的生态风险。

（7）通过投加生物菌剂提升水体的自净能力，必须辅以长期的、全水域的充氧措施，以免大量微生物加入后加剧水体或局部水域的耗氧，加重水体黑臭问题。

（8）采用生物菌剂底泥修复技术时，应加强对生物菌剂使用全过程演变规律的跟踪评估，确保在生态修复过程中，投加的生物菌剂不会变异为致病性微生物或其他有害生物种群。

（9）加强原位控制与修复类城市水体的水生动植物安全性监测与评估，避免投加的化学药剂或生物菌剂进入食物链。

（10）含盐量相对较高的城市水体，尤其是沿海地区的感潮型水体，一般不宜采用底泥原位控制与修复技术。

3.3.3 清淤底泥处理处置技术要点

（1）应结合城市水体底泥泥质特征和当地可利用自然环境条件，合理选择水体底泥处置方式，在此基础上选择经济合理、技术可行的底泥处理工艺技术路线。

（2）应优先选择土地利用（土壤改良或堆场复耕）、卫生填埋等底泥处置方式。

（3）底泥处理技术选择需兼顾清淤作业施工周期短、单位时间内清淤量大、施工场地条件受限、现场机械脱水难度大等实际问题。

（4）在多数情况下需设置清淤底泥的临时存储设施或场地。临时存储设施或场地应远离居民活动场所，并进行整体防渗处理，同时设置必要的滤液处理装置，避免水体底泥二次污染问题。

（5）在不影响底泥泥质和最终处置方式的情况下，可适当掺混弱氧化性化学药剂进行恶臭和蚊蝇控制，掺混脱水药剂提升泥水分离效果。

（6）选用焚烧、建材利用等底泥处置方式时，需建设临时底泥堆放设施，并做好设施的防渗漏、防雨淋、控蚊蝇等措施。

（7）在当地可利用自然条件许可的情况下，可将适当发酵或堆肥处理后满足《土壤环境质量 农用地土壤污染风险管控标准（试行）》GB 15618—2018 或其他相关标准要求的底泥用于土壤改良或土地修复。

（8）可将适当处理后满足矿场土地、地表破损区修复和重建标准要求的水体底泥，用于受损场地的修复和重建，实现淤泥处置和生态环境恢复的双重功效。

（9）可在清淤前或清淤工程实施过程中，向底泥中喷洒一定量的、具有弱氧化性并能改善脱水性能且不会影响最终处置途径的化学药剂，实现运输和存储过程中恶臭和蚊蝇控制目标。

3.4　沿河垃圾及水体漂浮物清理技术

3.4.1　水体沿线垃圾堆放点清理技术要点

（1）应系统排查并彻底清除城市水体沿线历史堆放的生活垃圾，以及工业、畜禽、农业及园林等废弃物，避免废弃物在潮湿环境下水解发酵后向水体释放污染物。

（2）强化水体沿线落叶和水生植物管理养护。定期清理水体沿线落叶，收割水生植物；不得将水体岸线作为园林落叶、水生植物的处置场所，不得将园林落叶、水生植物等用于岸带土壤改良。

3.4.2　水体沿线垃圾收运设施管控技术要点

（1）加强水体沿线垃圾堆放点布局规划，优先选用对周边环境影响小、底部无渗漏的垃圾收集设施，避免垃圾中的液体物质或发酵液渗漏影响水体及周边环境。

（2）强化水体沿线垃圾堆放点的排查和诊断，取缔蓝线范围内不规范垃圾堆放点；修复或更换可能产生液体渗漏、恶臭气体"散逸"或雨水冲刷污染问题的收运设施。

（3）强化水体沿线，包括分流制雨水收集系统沿线生活垃圾中转站渗滤液和冲洗水的日常监管，重点关注渗滤液和冲洗水的降雨冲刷污染问题。

3.4.3 城市水体漂浮物清理及管控技术要点

（1）加强城市水体日常保洁和沿线生活垃圾管控，及时清理水体漂浮物。

（2）建立降雨后城市水体清理养护机制，及时清理水体及岸带的漂浮物和缠绕物。

（3）可以在有条件的水体沿线雨水排放口或合流制溢流口设置垃圾拦截和清捞设施，降低排水系统漂浮物雨季入河量。水体沿线的垃圾拦截和清捞设施不得影响管网与水体的排水防涝功能。

（4）加强水生植物养护与管理，科学实施水生植物生态修复工程，合理确定水生植物收割时间和收割方式，避免水生植物腐烂，影响城市水体环境。

3.5 上游来水污染控制技术

3.5.1 上游来水污染特征调查及治理技术要点

（1）应加强对发源于建成区外或支流位于建成区外的城市水体进入建成区断面的水质水量及其变化特征的监测，必要时应增加建成区外水体沿线的污染源普查和水质水量监测。

（2）强化城市水体的流域治理理念，加强建成区外水体污染物的源头管控，通过工程措施或非工程措施，严格控制水体上游的污染物排入量；逐渐提高水体的自净能力，恢复水体的生态功能。

（3）加强对城市建成区上游排污明渠的治理，强化生产废水、生活污水或畜禽养殖废水的收集和处理，强化明渠底泥的处理处置，避免降雨冲刷影响城市水体水质。

（4）上游来水径流量较小，周边居住人口较少且污染源相对分散，水体污染物浓度相对不高，收集系统建设和运维难度较大时，也可在适当区域建设临时拦水坝及旁路污水处理设施，对上游来水进行净化处理。但上述工程不得影响水体行洪，且应制定城市水体雨季污染应对策略。

3.5.2 补水水源调查与污染控制技术要点

（1）强化城市水体补水水源水质调查，确保补水水源水质满足《城市黑臭水体整治工作指南》中关于水体不黑不臭的控制指标要求。

（2）强化补水水源 ORP、叶绿素、藻毒素、透明度、高锰酸盐指数和 NH_3-N 等指标的日常监测和评估，重点关注上述指标的季节性演替规律和高温季节变化特征。

（3）补水水源透明度相对较低时，应在进入城市水体前采取必要的过滤净化措施。

（4）补水水源 ORP 较低或高锰酸盐指数、NH_3-N 较高时，应在进入城市水体前采取必要的好氧生物处理措施。

（5）补水水源叶绿素、藻毒素等指标较高时，应在进入城市水体前采取必要的过滤等除藻措施。

第4章 水动力改善与水生态恢复技术

4.1 城市水系连通与水动力改善技术

4.1.1 城市水体水系连通技术要点

（1）强化流域区域层面的水体水质水量及水文特征分析，全面统筹干流与支流、上游与下游的关系，开展区域连通影响评价，明确不同城市水体连通可能产生的效果与影响，防止因水系连通导致污染问题扩散，增加后期的运行和维护成本。

（2）系统梳理城市水系高程变化，通过工程疏导和人工河湖系统建设，实现城市水系连通，保障相对稳定的水体流动特征和物质能量循环，有效改善水生态环境状况，提高水资源统筹调配能力和抗御自然灾害能力。

（3）城市水体水质维持所需的生态流速或换水周期，与水体污染状况和自净能力有关，原则上硬化程度越高、潜在污染源越多的水体，水质维持所需的生态流速越高或换水周期越短。

（4）水系发达、水资源相对充沛，但水系格局被人为阻断、水体流动性相对较差的地区，应系统梳理城市水系的关键节点，必要时可通过提升措施强化水体流动性，实现城市水系连通与水动力改善。

（5）水资源严重不足的地区，原则上不宜通过水系连通工程，将有限的城市水资源引流至旱季长期干涸的行洪渠道。如确需引流，应尽量减小过水断面面积，保障水体生态流速，以免增加蒸发和渗漏损失量，加大水量保持和水质维持难度。

（6）原则上，水系连通应以建成区内的城市水体为范围，必要时可向建成区外适当延伸，但不得以水系连通或生态流量保障为由，通过大量外调江河湖库水补充城市水体，或稀释水体污染物浓度，掩盖城市水体污染问题。

4.1.2 旁路治理强化活水循环技术要点

（1）在水体下游区域设置提升、输送和水质净化设施，利用自然地势地貌，将部分水引流至旁路设施进行净化后，压力输送至水体上游，在水体治理的同时实现循环流动。

（2）可将流速作为城市水体活水循环工程设计的主要依据，以 0.2～0.4m/s 作为水体流速设计值，结合旁路治理和输送系统的技术经济性评估进行活水循环系统设计。

（3）应选择带有生物氧化和泥水分离功能的旁路治理技术，通过泥水分离去除水体中的漂浮/颗粒物；通过生物氧化去除 COD、BOD 和 NH_3-N，提高水体 ORP 和 DO 水平，逐步恢复水体功能。

（4）在实际工程中，可选用短停留时间的传统活性污泥法、混凝（磁混凝、化学混凝）沉淀过滤耦合生态净化、接触氧化等工艺及其耦合技术。

4.1.3 再生水补水水动力改善技术要点

（1）优先利用再生水、污水处理设施的达标出水和经收集处理的雨水作为滞流、缓流型城市水体的补充水源，可有效地解决缺水地区城市水资源不足的问题，提升水体流动性，恢复城市水体生态环境，提高城市污水处理厂再生水的生态安全性。

（2）城镇污水处理厂再生水是城市水体稳定、可靠的补水水源，可通过必要的泵提升和管道系统，将位于水体下游的再生水输送至上游区域，实现水动力改善及水体修复的双重功效。

（3）可充分利用城镇污水处理厂出水较高的 ORP 和 DO，抑制还原性污染物排入导致的城市水体黑臭问题；利用较高的透明度、较低的 $NH_3\text{-}N$ 和高锰酸盐指数，改善城市水体水质。

（4）城镇污水处理厂出水中的 $NO_3^-\text{-}N$ 可作为电子受体，与水体固有的或新排入的污染物进行氧化还原反应，提升水体自净能力，促进城市水体的健康发展。

4.2 生态型水体构建与水生植物生态恢复技术

4.2.1 生态型河床与护岸构建技术要点

（1）根据城市水体所在区域的功能定位和水体断面形式，合理构建或恢复受损河床和护岸，恢复城市水体形态的多样性，创造适宜生物栖息的条件，构建满足景观和自净能力要求的城市水体。

（2）对于具有一定流动性的城市水体，通过蜿蜒的纵向结构、多样的水体断面、深潭浅滩与急流缓流相结合的布局方式，可为水生生物提供栖息环境，丰富生态型城市水体的生物多样性。

（3）可将城市硬质河道的河床底部设置为半生态化结构，如下部采用原始的土壤结构，上部为砂石结构或带孔洞的硬化结构，且不得人为铺设防水层或防渗层，避免阻断水与土壤之间的物质和能量交换。

（4）水资源严重不足、主要依靠外调水或引流其他河湖水作为补水水源维持必要生态基流的城市水体，应适当缩小常水位以下的透水层面积，控制下渗损失量，保障下游地区必要的生态流速。

（5）在城市水体的非硬质驳岸种植芦苇、香蒲、灯芯草、蓑衣草等挺水植物，可利用其根系形成水土保护层，减小水体流动对土壤的侵蚀。

4.2.2　水生植物生态恢复工程构建技术要点

（1）利用水生植物光合作用释放氧气和呼吸作用消耗氧气的基本原理，使城市水体处于时间序列上的好氧—缺氧—厌氧交替状态，促进水中多种微生物的生长、繁殖和代谢，从而实现水体的自净能力提升和生态修复。

（2）水生植物的根茎叶可作为微生物附着生长的载体，有效避免微生物流失问题，提高水体生物量和生态净化效能。水生植物生态修复通常需要一定的微生物培养和驯化时间。

（3）植物根系及其表面微生物对水中的颗粒物和溶解性污染物具有一定的吸附和黏附作用，可明显提高水体透明度，降低污染物浓度，有效促进沉水植物生长繁殖，实现水体净化。

（4）应通过合理的水体水深、透明度和流动性控制，为本土水生植物，尤其是沉水植物的生长创造条件。应充分利用沉水植物明显优于挺水植物和浮水植物充氧能力的实际特征，强化水体的生态修复功能。

（5）水生植物生态修复原则上应以自然生长的植物为主，不得以提升污染物的净化效果为由，大量引入外来种属植物。

（6）工程设计中应关注不同类型植物的竖向搭配，并考虑色彩在时间上的延续性和变化性，保证必要的景观效果。城市水体景观工程建设不得影响水生植物的水质净化效果，原则上挺水植物、浮叶植物和"浮岛"植物不得长时间遮挡阳光对沉水植物的照射作用。

（7）"浮岛"植物根系微生物群落对颗粒物和污染物的吸附去除，以及根系分泌的氧气对附着微生物合成和代谢反应的保障是生态浮岛水体净化的主要机理，在实际工程中可选择根系发达、传氧能力和抗病虫害能力较强的浮床植物。

（8）水生植物与藻类在水生态系统中竞争阳光、营养盐等，沉水植物分泌的化感物质，具有抑制浮游藻类生长、避免城市水体富营养化的作用。

（9）生态型河道水体构建应符合城市排水防涝的基本要求，水生植物的种植和养护不得影响城市水体的排水防涝功能；应降低旱季常水位，提高水体流速，增强植物根系附着能力和抗冲刷能力，避免雨季行洪造成植物大量流失。

4.2.3　水生植物生态恢复工程运行维护技术要点

（1）建立生态型城市水体运维保障制度，配备专门的管理人员，明确水生植物维护管理和日常养护内容，有组织、有计划地进行维护管理。强化人员上岗培训，避免发生过度打捞"水草"或任由水生植物过度繁殖等极端情况。

（2）应结合植物生长规律、区域气候特征、水质变化情况和排水防涝要求等，合理确定植物收割或打捞周期，及时清理衰败的植物残体。如挺水植物、浮水植物和沉水植物共生的城市水体，应加强对挺水植物和浮水植物的收割管控，严格控制挺水植物和浮水植物的水面覆盖率，避免挺水植物和浮水植物遮挡阳光照射，影响沉水植物的光合作用效果。

（3）具有排水防涝功能的生态型城市水体，应在雨季来临前进行必要的植物收割或打捞工作；无排水防涝功能要求时，可每年安排1~2次收割或打捞，但原则上应在结冰期前进行收割，以免植物根系腐烂，污染水环境。

（4）强化水生植物病虫害观测和控制，不宜使用除草剂、杀虫剂，以免药剂过量进入水体影响人体或水体生态安全性；或因除草剂、杀虫剂等的污染物排入，对水体水质造成影响。

（5）应加强浮游动物、沉水植物和底栖动物的跟踪监测，根据水生植物种群数量的变化情况，及时捕捞或补充放养水生动物，控制草食性鱼类的数量。

（6）加强城市水环境整治工作的宣传和教育力度，提高公众的环保意识，降低不良行为对水生植物以及河道生态环境的破坏，减少维护管理的工程量和费用。

4.3 城市水体排水防涝设计技术

4.3.1 基于排水防涝的城市水体设计技术要点

（1）应贯彻落实以人为本的理念，系统梳理水体在城市中的功能定位，充分考虑旱季水质保持和雨季排水防涝的水量变化特征，兼顾保障公众安全和提升生态景观两方面的功效，合理进行城市水体设计。

（2）人口密集区域的城市水体，原则上宜选用硬化或半硬化的护岸结构，以提高降雨期间的抗冲刷能力，保障排水防涝安全；在条件许可时可按复式断面设计，并预留旱季公众休闲娱乐的步道或平台，水体常水位以下可按生态化结构设计。

（3）为减少水土流失，确保强降雨期间的公众和基础设施安全，径流量和流速相对较大的水体穿越人口密集、缓冲带较小的城市繁华地区时，水体岸带宜按硬化结构设计，并尽量设置防护栏等设施，河床可保留原生态结构。

（4）应加强暴雨频发地区城市水体排水防涝的功能设计，强化和恢复城市水体与滩地、湿地及蓄洪区的联系，提高降雨期间的蓄水能力，保障排水防涝安全。

（5）加强河湖及湿地的雨后管理，及时清理降雨冲刷污染物、动植物残体等，并对水生植物进行补种，避免河湖湿地雨后黑臭问题。

4.3.2 生态恢复与排水防涝功能耦合技术要点

（1）城市水体生态恢复工程设计应系统考虑排水防涝功能，兼顾降雨污染控制和雨水资源综合利用功能。水生植物水面覆盖率应依据排水防涝要求确定，以不侵占排水防涝空间为主要原则。

（2）水体生态护岸应具有足够的抗降雨冲刷、避免水土流失的能力，以保障降雨期间城市建筑、道路、管道等市政基础设施的安全。

（3）以排水防涝功能为主、旱季水量相对较小且生长有沉水植物的生态型城市水体，原则上应保障必要的旱季生态流速，确保水生植物有足够发达的根系，以免降雨冲刷导致水生植物流失。

（4）以沉水植物或浮水植物为主的生态型城市水体，在不影响植物生长和景观效果的前提下，应适当降低沉水植物型城市水体水位，以缩短水生植物的竖向长度，减小降雨期间的行洪阻力，同时避免冲刷流失。

（5）以排水防涝功能为主、水量相对较小的城市水体，不建议选用以芦苇等挺水植物为主的生态修复技术，以避免植物过度繁殖影响河道排水防涝能力，或增大水体蒸发损失量。

（6）应在雨季来临前对生态型城市水体中的植物生长情况及其与排水防涝的交互影响情况进行全面评估，重点关注水生植物过度生长对排水防涝功能的潜在影响、降雨期间阶段性高水位和低透明度对沉水植物生长的潜在影响，以及降雨导致的水位提升对浮水植物的潜在影响。

第5章　旁路治理与就地处理技术

5.1　基于水质控制指标的工艺技术选择

5.1.1　旁路治理与就地处理设计思路

（1）通过工程手段，对沿河直排污水、降雨溢流污染以及受污染水体进行处理，控制入河污染物总量，降低水体内污染物浓度，有效改善城市水体水质。

（2）应建设临时污水处理设施，对短期内无法收集至城市管网的旱季直排污水、超过管网输送能力或污水处理厂处理能力的旱季溢流污水进行就地处理，以削减旱季污染物入河量，改善水体水质。

（3）应建设快速净化设施，对合流制溢流口和地表污染严重区域的分流制雨水口降雨污染进行净化，以削减污染物雨季入河量，降低降雨径流污染对城市水体的影响。

（4）工程施工降水通过分流制雨水管道排放的区域，应根据雨污错接混接情况和雨水管道受污染程度，合理设置净化设施，处理后直接排放至城市水体，以免施工降水携带错接混接污水或冲刷雨水管道沉积物，造成水体污染。

（5）原则上，不得以施工降水通过雨水管道排放可能引发水体污染问题为由，在雨水管道排放口设置截流设施，将施工降水引入污水管道，以免影响污水处理设施效能，甚至影响排水防涝安全。

（6）在城市水体沿线建设旁路治理设施，利用自然地势或通过提升系统，将部分水引流或提升至旁路治理设施，经工程措施净化后排放回城市水体，可有效地去除城市水体中的污染物，改善水体水质。

（7）可将旁路治理或就地处理设施作为促进水体循环流动的主要节点，通过设施布局调整或铺设必要的输送系统，强化水体循环流动。

（8）因突发事件导致城市水体污染时，应根据污染物特征、污染负荷及环境影响，尽量选择快速、有效的物理分离、混凝沉淀或多种技术耦合串联的处理方式进行快速处理，以避免污染物大面积扩散。

5.1.2 就地处理技术选择要点

（1）在城市水体沿线建设污水处理设施，对沿河直排污水（含超过管网或污水处理厂能力的旱季溢流水）、合流制或分流制雨水管道降雨径流污染等进行处理后排入城市水体，有效降低污染物入河量，改善城市水体水质。

（2）沿河直排污水 COD＞150mg/L 或 NH_3-N＞15mg/L 的，应就近收集至污水处理厂。短期内无法通过城市市政管网收集至污水处理厂的，应选择具有脱氮除磷功能、满足一定排放标准要求的临时处理设施处理后排放。

（3）沿河直排污水 COD＜60mg/L 或 NH_3-N＜8mg/L，且经来源调查和未来发展趋势分析认为污染物浓度不会明显增长的，宜采用以混凝沉淀过滤为核心，辅以生物或生态净化功能的组合设施处理后排放。低浓度直排污水不宜引入城市污水收集管网和污水处理厂，以免影响污水处理厂进水水质和水量。

（4）沿河直排污水 60mg/L＜COD＜150mg/L 或 8 mg/L＜NH_3-N＜15mg/L 的，应在系统分析管网输送能力和污水处理厂处理能力的基础上，结合污水来源调查、水质水量特征识别、未来发展趋势分析以及主要超标影响因子诊断，合理确定处理方式。

（5）在永久性污水处理工程设施建设阶段，可选用以混凝沉淀过滤为核心的临时快速净化设施，对已经收集至污水处理工程前端的污废水进行处理后排放。未规划实施永久性污水处理设施的，应参照传统污水处理工艺设计要求，选择具有脱氮除磷功能、满足一定排放标准要求的临时处理设施处理后排放。

（6）用于处理降雨径流污染或雨季排口入河污染的设施，应尽量选择占地面积小、处理能力大、停留时间短的混凝沉淀过滤工艺。

（7）以去除 NH$_3$-N 为主要目标时，可采用具有生物硝化功能的生物处理或生态处理工艺；以提高水体透明度为主要目标时，可采用对颗粒物、悬浮物、藻类有一定去除效果的物理沉淀过滤、混凝沉淀过滤、气浮等工艺。

5.1.3 旁路治理技术选择要点

（1）在城市水体沿线建设净化设施，对部分水进行处理后排放回城市水体，以有效削减水体污染物总量的处理方式，多数情况下可与活水循环技术耦合使用。

（2）旁路治理技术只是削减城市水体污染物总量，提高城市水体景观效果，促进水体生态恢复的辅助措施，不宜作为水体治理的主要手段。

（3）在条件许可时，可将旁路治理设施与雨水泵站系统、水体循环系统等耦合使用，以充分利用雨水泵站旱天的提升能力，实现排水资源的最优化利用。

（4）应结合城市水体水质特征、主要污染因子，以及水体周边可利用土地情况，合理选择旁路治理技术。

（5）以提高水体透明度或去除 COD 为主要目标时，可选择物理沉淀过滤或混凝沉淀过滤工艺；以去除 NH$_3$-N、提高 DO

和 ORP 水平为核心目标时，应选择具有生物硝化功能的生物处理或生态处理工艺。

5.2 物理沉淀过滤技术

5.2.1 传统沉淀技术设计要点

（1）传统沉淀技术主要利用已有沟渠或新建蓄水设施作为沉淀池，对降雨径流污染水或水质相对较好的城市水体进行简单的沉淀净化，以去除水中颗粒物和部分污染物。

（2）传统沉淀技术通常作为城市水体的旁路治理设施或相对洁净直排污水的就地处理设施使用，不建议用作污染较重的直排污水净化处理。

（3）传统沉淀技术可与水生植物生态净化或稳定塘工艺耦合使用，通过藻类、微生物、植物等的综合作用，去除 NH_3-N，提高 DO 和 ORP 水平，实现对水体污染物的吸附和生物去除，并避免长时间停留导致的厌氧黑臭问题。

（4）用于降雨径流污染水的净化处理时，原则上应设置沉淀物收集处理设施，沉淀区宜采用硬化结构，沉淀区前的过水通道应设置围堰和防渗层，避免对周边土壤的污染。

（5）应采取必要的恶臭控制和防蚊蝇措施，避免高温季节或降雨后产生恶臭或蚊蝇滋生问题；应及时组织沉淀区域清淤作业，避免成为恶臭源。

（6）应在进水区设置漂浮物或颗粒物的拦截设施，拦截并定期清捞落叶及生活垃圾，以免影响传统沉淀设施的运行效果。

（7）需重点关注沉淀设施的景观效果、生态环境效益和公众安全性。用于降雨径流污染控制的沉淀设施，需强化非降雨期间的维护管理。

（8）以颗粒物去除和透明度提升为主要功能的沉淀设施，

水力停留时间宜不超过 2h；以去除 NH_3-N、提高 DO 和 ORP 水平为目标时可适当延长水力停留时间。

（9）应加强对沉淀设施进出水水质的日常监测，重点关注进出水 NH_3-N、DO 和 ORP，尤其是 DO 和 ORP 指标的变化。当出水 DO 或 ORP 明显低于进水时，应适当提高处理水量，缩短水力停留时间。

5.2.2 稳定塘技术设计要点

（1）城市水体治理用稳定塘主要是指在传统沉淀的基础上，耦合生物或生态净化，利用稳定塘内藻类、微生物、植物等的净化作用进行水质净化的工艺技术，也称为生物塘技术。稳定塘对水体的 COD、SS、TP、NH_3-N、TN 等指标具有一定的改善作用。

（2）稳定塘可作为城市水体旁路治理设施或相对洁净直排污水就地处理设施使用。

（3）一般不宜将稳定塘用作污染较重直排污水的净化设施，也不宜直接用于降雨溢流污染的净化处理，以免过量的沉淀物或漂浮物进入，影响稳定塘内水生植物的生长或设备的正常使用，并加大雨后维护难度。

（4）稳定塘的运行及净化效果受气候影响显著，北方寒冷地区需考虑水生植物的日常维护和冬季越冬问题。在周边环境条件许可时，可在稳定塘内设置人工曝气和可拆卸式纤维束填料，进一步提高稳定塘的净化效果。

（5）稳定塘应与居民区保持一定的安全距离，应重点关注设施景观效果、生态环境效益和公众安全性等设计要素。

5.2.3 人工强化渗滤技术要点

（1）城市水体治理用人工强化渗滤技术是通过土壤或特殊介质材料的过滤截留、吸附和生物降解等作用，去除水中的有机物、悬浮物，实现水体净化的处理技术。人工强化渗滤对水体的 COD、SS、TP、TN 等指标具有一定的改善作用。

（2）土壤渗滤处理技术可用于城市水体的旁路治理或相对洁净直排污水的就地处理，不建议用于污染程度较重的直排污水净化或降雨溢流污染控制。

（3）可采用天然河沙、砾石、沸石、火山岩替代土壤，作为渗透层的介质材料，提高渗滤系统的渗透性能和截留效果。

（4）人工强化渗滤系统通常需要相对较大的工程占地，污染物截流量较大时会在介质层形成厌氧环境，产生黑臭或蚊蝇滋生问题，一般不宜设置于商务区或住宅区。

（5）原则上应在人工强化渗滤前设置混凝沉淀过滤等强化设施，以降低油脂类物质、颗粒物和缠绕物对系统的堵塞；需定期对介质层进行翻耕和清理，避免系统板结。

（6）用于冬季结冰地区时，需强化结冰期的设施防护。

5.3　混凝沉淀过滤技术

5.3.1　化学混凝沉淀技术要点

（1）化学混凝沉淀技术是通过投加化学药剂，利用电中和、吸附架桥、共同沉淀等作用，去除引起水体黑臭的腐殖质、胶体和悬浮颗粒，以达到改善水质的技术。

（2）化学混凝沉淀技术可有效去除 SS、磷酸盐和不溶性 COD，对浊度、色度、透明度等具有明显的改善作用，但对溶解性 COD、TN，尤其是 NH_3-N 的去除能力较差，用于旱天直排污水处理或受污染水体处理时，需辅以其他生物或生态处理措施。

（3）化学混凝沉淀技术可广泛应用于沿河直排污水、降雨溢流污染的就地处理，或受污染水体的旁路净化，也可用于突发污染事件的应急处理；一般不得用于受污染城市水体的原位净化，也不宜用于未清淤重度黑臭水体的原位处理。

（4）化学混凝沉淀一般采用装备化产品，其工艺设计参数、药剂类型及投加量与所处理对象的理化性质有关，宜通过现场试验研究确定。

（5）应加强对使用化学药剂生态安全性的评估，妥善处理化学污泥。严禁污泥无组织堆放或随意丢弃，严禁作为水体治理工程回填土或堤岸改造覆盖土，严禁直接排放至城市水体或污水收集系统。

（6）在条件许可时，可将化学沉淀污泥运输至城镇污水处理厂，利用污水处理厂的生物处理能力去除化学沉淀污泥中的污染物，利用化学沉淀污泥中过量的除磷药剂提高污水处理厂的除磷能力。

5.3.2　磁混凝沉淀技术要点

（1）磁混凝沉淀技术主要通过向化学混凝沉淀工艺中投加磁粉，形成对污染物具有吸附作用的微磁性絮凝团，并借助磁粉相对密度大的特点，缩短固液分离时间，减少反应器池容和占地。

（2）磁混凝沉淀技术可有效去除 SS、磷酸盐和不溶性 COD，对浊度、色度、透明度等具有明显的改善作用，但对溶解性 COD、TN，尤其是 NH_3-N 的去除能力较差，用于旱天直排污水处理或受污染水体处理时，通常需辅以其他生物或生态处理技术措施。

（3）磁混凝沉淀技术可广泛应用于沿河直排污水、降雨溢流污染以及受污染水体的水质净化，也可用于突发污染事件中的旁路应急处理，但不宜作为相对洁净水体的旁路治理技术。

（4）磁混凝沉淀需要配套专业的磁粉分离系统，原则上宜选用装备化产品。

（5）磁混凝沉淀装备的磁粉流失率与水体水质、设备运行状况及磁粉质量等因素有关，工程中一般可控制在 1％ ～ 5％，需要定期向反应器补投磁粉。

（6）磁混凝沉淀工艺产生的污泥除含有化学药剂外，还有一定比例的磁粉，原则上不得作为化学污泥投加到城市污水处理厂进行处理。

5.4　生物与生态处理技术

5.4.1　生物絮凝技术要点

（1）城市水体治理用生物絮凝技术，主要是指利用活性污泥的吸附性能，对有机物进行快速吸附，并借助生物合成作用和硝化反应，实现对有机物和 NH_3-N 的去除。可采用的技术包括传统曝气或高负荷活性污泥工艺（或传统 AB 法工艺的 A 段模式）等。

（2）生物絮凝技术一般由曝气池和沉淀池两部分组成，也可采用合建式一体化氧化沟等工艺技术。采用曝气池＋沉淀池模式时，需设置污泥回流系统。

（3）生物絮凝技术对溶解性 COD、BOD 和 SS 具有较好的去除效果，可明显提高出水 DO 和 ORP 水平，还可部分去除磷酸盐、NH_3-N，水体水质改善效果显著。

（4）生物絮凝技术可用于旱季直排污水或超过污水处理厂处理能力溢流水的就地处理，不宜作为降雨溢流污染的就地处理或受污染城市水体的旁路治理措施。

（5）用于城市水体治理的生物絮凝技术的曝气区和沉淀区停留时间原则上均不宜小于 2h，用于同步去除 NH_3-N 时，曝气区停留时间不宜小于 3h。

（6）生物絮凝系统具有相对较高的污泥浓度，可较好地缓冲水质水量变化，但也会因供氧不足、沉淀区停留时间过长或富含有机质的污泥堆积等，形成厌氧恶臭环境，一般不宜建在人口密集区域。

（7）生物絮凝污泥通常具有相对较高的活性有机组分，可经适当堆肥处理后，用于城市园林绿化或其他土地利用措施。

5.4.2 生物接触氧化技术要点

（1）生物接触氧化主要是利用填料上附着生长的好氧微生物的凝聚吸附和氧化作用，对溢流污水、直排污水进行就地处理或对城市水体进行旁路治理，实现污染物去除的处理工艺。

（2）生物接触氧化工艺对溶解性 COD、BOD 和 SS 具有较好的去除效果，可明显提高出水 DO 和 ORP 水平，还可部分去除磷酸盐、NH_3-N。

（3）生物接触氧化工艺的填料形式一般包括悬浮式和固定式。

（4）悬浮填料式生物接触氧化法，通常又称为 MBBR 工艺，所使用填料的相对密度一般接近 1，在反应器内处于流化状态，对水体中的缠绕物和颗粒物具有剪切作用。

（5）固定填料式生物接触氧化法的填料相对密度一般小于 1，蜂窝球、纤维束等填料悬挂于尼龙绳上，在浮力和曝气提升作用下摆动。用于直排污水处理时，宜设置孔径不超过 3mm 的孔板式或编织网式格栅，有效去除颗粒物和缠绕物，避免缠绕填料。

（6）生物接触氧化工艺的抗冲击能力相对较弱，不宜作为降雨溢流污染的就地处理或严重污染城市水体的旁路治理措施使用。

5.4.3 人工湿地技术要点

（1）人工湿地水体治理技术是通过土壤、滤料及植物根系的截留、吸附作用，快速去除水中的颗粒物、悬浮物及部分胶体类有机污染物，并通过植物和微生物的代谢作用，完成水体净化，实现水质提升的处理工艺。

（2）人工湿地技术不仅对溶解性 COD、BOD 和 SS 具有较好的去除效果，还可部分去除磷酸盐、NH_3-N，对出水 DO 和 ORP 具有一定的提升作用。

（3）人工湿地技术一般用于轻度污染水体的处理与修复，或作为物理沉淀过滤或混凝沉淀过滤工艺的后置强化处理单元，不宜直接用于重度污染城市水体或直排污水的处理，也不宜用于降雨径流污染治理与控制。

（4）人工湿地多以污染物吸附截留和微生物好氧代谢为主要净化机理，在实际工程中需确保植物光合作用和微生物生长的环境条件。

（5）北方地区应设置必要的人工湿地低温保护措施，以保障冰冻温度下的设施安全；用作物理沉淀过滤或混凝沉淀过滤工艺的后置强化处理单元时，需考虑低温环境（低于 15℃）对水生植物生长及根系微生物代谢的影响。

（6）应加强人工湿地堵塞、板结等问题的日常跟踪监测，在实际工程中可采取干湿交替的运行模式有效降低填料或滤料板结，必要时应定期清理或更换人工湿地滤料。

（7）应结合不同地区、不同类型湿地植物收割后的污染物释放规律，并综合考虑城市防火、行洪等因素，合理制定人工湿地收割计划。

（8）应加强对人工湿地植物病虫害的防治及使用杀虫剂生态或公众安全性的评估，原则上不得使用对人体或生态安全具有潜在风险的杀虫剂；强化收割植物的安全处理处置，不得将收割后的植物随意丢弃。

第6章 维护管理体系与管控机制构建

6.1 维护管理与应急保障制度建设

6.1.1 制度与政策保障建设要点

（1）城市政府应认真贯彻落实"河长制"，构建完善的河长体系，明确各级河长的工作职责，细化工作方案。

（2）城市政府应建立并完善城市水体整治的政策保障体系，将城市水体治理与维护工作纳入政府部门工作绩效评估考核范畴，加大绩效考核力度。

（3）城市政府宜设置水体维护管理机构并明确其工作职责，加强政府相关部门的沟通协作，确定各有关部门的职责分工。

（4）城市政府应加强城市水体治理和水质保持的资金保障，将城市水体日常运行维护和监测经费纳入财政预算。

（5）城市政府应建立城市水体各有关部门联合调度机制，定期组织实施联合督查检查，认真整改落实相关问题，落实不力的应严肃问责。

（6）可充分利用市场化手段，鼓励社会资本加大水环境整治投入，建立"政府引导、市场运作、社会参与"的投资管理机制。

6.1.2 日常维护管理与监督机制建设要点

（1）地方政府应建立城市水体日常维护管理信息发布平台，通过地方新闻媒体向社会公布河长名单；在城市水体周边人员活动频繁的位置设置醒目的河长公示牌，标明水体治理目标、各级河长名单及职责、监督举报电话等，接受社会监督。

（2）应建立城市水体日常检查巡视制度，强化水体及入河排污口的检查巡视与跟踪监测。应将城市水体及入河排污口的监督监测纳入地方排水或环保监测机构日常监测范围。

（3）城市水体维护管理机构应根据职责分工，结合水体治理和水质保持方案有关要求，建立并落实水体的定期养护、日常维护及监管制度。

（4）城市政府或水体维护管理机构可通过委托第三方公司的方式，开展水体底泥疏浚、漂浮物打捞、垃圾清理转运、旁路及就地处理设施运营以及岸带植物养护等工作。

（5）有关部门可委托第三方机构定期跟踪监测水体底泥沉积情况，尤其是关注雨季和冬季降雪后的底泥沉积问题，合理安排治理后水体的底泥清淤养护工作。

（6）有关部门应将生态型城市水体的水生植物养护纳入日常管理工作范畴，科学制定水生植物收割和打捞计划。北方地区应制定科学的冬季冰封养护计划。

（7）城市政府应建立城市水体的公众参与、社会监督、信息反馈与整改落实制度，通过河长公示牌、地方新闻媒体，以及手机短信、微信平台等现代信息技术手段，向公众推送城市水体治理进展，引导公众积极参与城市水体整治及运维的各个环节，及时处理和反馈群众举报问题。

6.2 智能管控与应急体系建设

6.2.1 智能监管体系构建技术要点

（1）可将城市水体的智能管控纳入智慧城市建设的范畴，利用 GIS、模型模拟、数据库平台构建、网络云等现代信息和监测技术手段，建立包括水体位置、长度、水质等多维度的城市水体数据库，构建城市水体智能管控综合平台。

（2）可将城市水体沿线排污口、雨水排放口、水体监测点以及潜在污水排放口作为智慧管控的主要节点，设置水质在线监测、信息甄别与预报预警系统，实现对城市水体及排污问题的智慧识别与管控。

（3）应强化流域综合整治与管控理念，对于跨行政区域的城市水体，应将区域交界处作为主要监测点，并明确上下游、左右岸涉及的多个行政区的相关责任。

（4）可将 ORP 和 NH_3-N 指标作为潜在排污口的在线监测指标，将 DO、ORP 和 NH_3-N 作为城市水体的主要在线监测指标，将《城市黑臭水体整治工作指南》明确的黑臭控制值作为报警阈值，建立城市水体水质监测预警系统。

6.2.2 应急体系构建技术要点

（1）城市政府应建立以水体水质监测预警、污染事件应急处置为核心的城市水体日常应急保障体系，将其纳入城市水体日常维护管理范畴。

（2）城市水体维护监管部门应结合城市水体及其区位特征、周边潜在污染源特征等，制定污染应急预案，确定污染级别及其判定标准，建立响应机制，明确不同污染源的应急技术路线、配套设备及其他可利用资源。

（3）城市政府或城市水体维护监管部门应根据城市水体智能管控与预警平台诊断结果，及时识别水质异常数据，快速诊断并向有关部门发布水体污染事件，协调落实水体应急处置工作。

（4）有关部门应根据城市水体污染应急预案，积极组织协调应急处理工作。

（5）在条件许可时，可将旁路治理设施、就地处理设施或污水处理厂作为临时应急处置设施。

（6）不得将城市水体或周边坑塘作为受污染水体的应急处置场所。如无法避免时，应在处置工作结束后，及时对城市水体或坑塘的受污染情况进行评估，并科学制定水体或坑塘修复方案。

6.3 城市水体跟踪监测制度建设

6.3.1 城市水体监测机制建设要点

（1）应建立城市水体长期跟踪监测制度，根据水体所在地理位置、流域特征、水体规模等制定详细的监测方案，明确监测机构及其职责分工，确定监测点位、监测指标、监测频率及具体监测方法。

（2）应将已完成治理效果评估的城市水体纳入地方排水或环保监测机构的日常监测范围，也可委托具有计量认证资质的第三方监测机构开展水体水质监测工作。

（3）城市水体的监测点位应由相关部门共同商议后确定，应设立明确的标识，标明监测指标、监测频率及其他具体要求。

（4）开展水体治理效果监测评估前，应按《城市黑臭水体整治工作指南》要求，进行不少于 6 个月的连续监测，检测指标为透明度、DO、ORP 与 NH_3-N，监测频次为每周不少于 1 次。

（5）开展城市水体的长期跟踪监测时，应就共同商定的监测点开展连续监测，主要指标为透明度、DO、ORP 与 NH_3-N，监测频次为每个月不少于 1 次；在水质指标存在超标风险的季节，应适当增加监测频次。

（6）地方监测机构无 ORP 指标监测能力的需做出书面说明。

（7）治理工程实施后旱季长期处于干涸状态的行洪排污渠或其他沟渠，在地方各级政府协商同意后，可不纳入黑臭监测范围，但应纳入日常巡查范畴，尤其是关注污水直排、工业企业偷排、降雨径流污染等污染事件。

（8）常水位以下水深小于 0.2m 的区域达到 50％ 以上的浅水型城市水体，或以沉水植物为主的生态型水体，可不进行透明度指标的监测，但仍需对 DO、ORP 与 NH_3-N 指标进行连续监测。

（9）涨落潮水位波动剧烈，落潮期间水体底部呈现干涸状态，或仅通过工程措施截留部分海水的沿海地区潮汐影响类城市水体，应在潮汐主要影响区沿程设置以 NH_3-N 为监测指标的监测点位，强化高潮位及落潮期间的水质监测。

（10）城市降雨且水体沿线雨水口或合流制溢流口出现排放情况后的 2d 内，不应进行黑臭指标监测，水体底泥生态清淤或水生植物收割后 3d 内，不应进行黑臭指标监测。

6.3.2 城市水体监测点布设与监测技术要点

（1）应按照《城市黑臭水体整治工作指南》要求，在城市水体沿线每 200～600m 间距设置水质监测点。每个水体的监测点不宜少于 3 个，水体长度较大时可适当延长布设间距，但不宜超过 1500m。

（2）监测点应设置在具有一定流速和代表性，且方便现场原位测定和取样的区域。

（3）监测点应尽量设置在渠中心 2/3 区域，不宜设置于封闭区域或水体岸边地带；监测点位应设置于水面下 0.5m 处，水深不足 0.5m 时，应设置在水深的 1/2 处。

（4）监测点位不宜设置于阴影区域，观测平台与监测水面的距离不宜超过 5m，以确保透明度监测的准确性。应在有太阳光照射的时间段进行透明度检测，阴天或降雨期间不宜测试。

（5）无监测和观测点设置条件时需提交说明，并经相关部门共同确认。

（6）设置人工曝气的缓流型城市水体，监测点不得设置在曝气区周边 20m 内；流动水体监测点需设置于曝气区上游，设置于下游时需在曝气区下游 50m 以外。

（7）设置人工曝气的城市水体需监测 ORP 指标。

6.3.3 监测数据处理与结果反馈

（1）应按照《城市黑臭水体整治工作指南》及有关管理文件要求，将城市水体监测数据作为公众调查满意度不足 90% 或被群众多次有效举报的城市水体黑臭程度评价的辅助指标。

（2）城市政府及有关部门也可委托专业机构，对各监测点位进行长期跟踪监测，对各项评价指标的变化特征、影响因素及其与水体黑臭的关系进行科学分析，构建城市水体黑臭和富营养化的预警指标。

（3）应按照《城市黑臭水体整治工作指南》的规定，将每项指标各监测点位一次监测数据的平均值作为水体黑臭程度的判断依据。

（4）透明度、DO、ORP 和 NH_3-N 四项指标一次监测结果的平均值均达到《城市黑臭水体整治工作指南》规定的"无黑臭"要求时，可判定为非黑臭。

（5）某监测点位，某一项指标超标导致水体判定为"轻度黑臭"的，可判定为基本消除黑臭，但应强化超标点位的水质问题分析，并采取必要的控制措施。

（6）透明度、DO、ORP 和 NH_3-N 四项指标一次监测结果的平均值中有 2 项以上达到"轻度黑臭"或 1 项以上达到"重度黑臭"时，可判定为出现水体黑臭反弹问题，应系统分析黑臭反弹的原因并有针对性地开展治理工作。

（7）城市政府及有关部门应通过微信推送、公示牌展示等形式，定期公布水体水质监测结果，加强公众对水体运行维护管理的监督与参与。

6.3.4 应急监测与评价技术要点

（1）应急监测主要是指对城市水体新增生活污水直排口、工业废水直排口、降雨污染排放或溢流口，以及突发性水体污染事件影响区域等进行的非常规监测。

（2）地方政府及有关部门应建立水体沿线潜在居民生活污水和工业企业废水排放口的档案，明确各污染源的黑臭影响特征指标和生态安全特征指标，为应急监测提供科学支撑。

（3）监测点位出现超标情况时，应追溯可能引起超标的原因，并开展相关问题识别和应急监测，可将 COD、NH_3-N、ORP 等作为主要应急监测指标，进行排污口和水体水质的对比性分析。

（4）应按照采购合同或设计文件的出水水质和监测频次要求，对就地处理设施或旁路治理设施进行取样监测。

附录 A 城市水体治理常见问题及对策

A.1 城市黑臭水体治理顶层设计问题

A.1.1 治理思路与水体功能定位不吻合

（1）与江河水系不同，城市水体与公众的日常生活直接相关，其主要功能不仅体现在水资源保护和水质净化，更应体现休闲娱乐和安全健康需求，城市水体的治理思路和技术措施应与水体的功能定位吻合。

（2）城市水体，尤其是核心商业区或居住区周边的水体应以满足公众获得感为主要目标，以提供安全、健康、休闲的生活休憩环境为基本准则。

（3）鉴于城市水体与公众日常生活的密切关系，凡是可能影响公众健康和安全的水体治理技术，包括以投加生物制剂、化学药剂、曝气充氧和生物强化净化为核心的原位净化技术，都不宜作为水体治理的核心技术措施。

（4）城市水体多数具有排水防涝功能，对强暴雨期间的社会安全具有重要作用，凡是可能影响排水防涝功能或市政基础设施安全的治理思路或技术，都不宜作为城市水体的治理技术措施。

A.1.2 修筑堤坝构建景观大水体

（1）在城市水体下游设置橡胶坝、拦水坝等设施，人为拦截水资源，营造宽河道、大水面的城市水体，是早期建造城市水景的主要模式。

（2）人为营造的城市大水面，降低了水的流动性，延长了停留时间和换水周期，增大了蒸发和渗透损失量，加大了水质维持的难度。

（3）人为营造的城市大水面，阻断了大气复氧功能，限制了沉水植物的生长繁殖，导致水体底泥长期厌氧，高温季节容易形成恶臭气体，导致底泥上浮，产生水面浮泥、水体黑臭等一系列问题。

（4）人为营造的城市大水面，通常过分关注水体的景观效果，亲水性相对较差，甚至可能存在溺水的风险，难以成为公众接触性休闲娱乐的场所。

（5）人为营造的城市大水面通常会影响城市水体作为灰色排水设施的调蓄能力和运行调度灵活性，增大城市政府在雨季来临前的排水决策难度。

（6）降雨冲刷管道沉积物和漂浮物可通过溢流进入城市水体，并在人为营造的城市大水面再次形成沉积物或漂浮物，加大了降雨后水体的运行维护难度。

A.1.3　引江河水作为城市补水水源

（1）城市再生水难以引入、其他可利用水资源严重不足的城市排水防涝渠，可通过外引江河水形成必要的生态基流，维持必要的生态水系，营造城市水体，打造水体的亲水景观效果。

（2）天然江河水通常含有一定量的藻类物质，引入城市水体后可利用城市水体中的氮磷等营养物，快速增长和繁殖，是高温季节蓝绿藻爆发的重要原因。

（3）外引江河水作为城市水体补水水源时，应结合可利用水资源量、引水成本和生态流速保障要求，合理设计城市水体断面，原则上不得营造宽河道、大水面的缓流型城市水体。

（4）以天然江河水补充城市低流速大水体时，需加强天然江河水和城市水体蓝绿藻水平的日常监测，合理确定换水周期，有条件时应采取必要的控藻措施。

A.2 传统原位净化技术的原理及问题

A.2.1 城市黑臭水体原位生物处理

（1）城市黑臭水体原位生物处理技术是指在不进行控源截污和底泥污染控制的情况下，单纯依靠人工曝气或辅以投加生物菌剂的方式，将城市河道改造为类似污水处理工艺的单元，进行城市水体水质净化的工艺技术。

（2）城市黑臭水体原位生物处理实质上是通过持续的曝气和微生物作用，部分去除水中或底泥中有机物的同时，将黑褐色的厌氧底泥转变为土黄色或黄褐色的好氧污泥，这种方法并不能彻底去除水中和底泥中的有机污染物。

（3）城市黑臭水体原位生物处理需要通过污泥混合，为微生物悬浮生长提供条件，或通过悬挂/投加生物填料，为微生物附着生长提供条件，这些措施都将直接影响城市水体的感官效果，甚至影响排水防涝功能，不宜用于具有排水防涝要求的区域。

（4）与污水处理厂活性污泥类似，城市水体经长时间曝气后，污泥中同样存留大量可生物降解的有机物和活性微生物，很容易在停止曝气后沉降，并因微生物反应而消耗水体和底泥中的溶解氧，使黄褐色好氧底泥转变为黑色的厌氧底泥，再次产生黑臭问题。因此原则上城市黑臭水体原位生物处理技术必须持续曝气供氧。

（5）长时间曝气会使水体中的微生物量成倍增长，并向周边非曝气区域扩散，加速非曝气区域的微生物耗氧反应，产生新的黑臭问题，因此原则上城市黑臭水体原位生物处理技术不可用于非封闭水域；用于封闭水域时，需减少非曝气区域面积。

（6）投加到城市水体的生物菌剂或原位生物处理过程中增殖的微生物，都可能变异为对人体或生态环境有风险的微生物，因此城市黑臭水体原位生物处理技术不宜用于公众可能直接接触的区域。

（7）需定期清理生物处理过程中产生的底泥，否则很容易在河床内逐渐沉积并影响治理效果。

A.2.2 人工曝气或跌水复氧

（1）人工曝气或跌水复氧主要是指利用浮筒曝气机、水下射流曝气机、水车增氧机、曝气风机等充氧装备，向城市水体持续充氧；或利用水体落差形成的跌水进行复氧，从而提高局部区域的溶解氧水平，部分恢复和增强微生物活性。

（2）人工曝气或跌水复氧技术可用于已完成控源截污和底泥治理的城市水体的水质维持，提高水体 DO 和 ORP 水平，部分情况下还可在水体局部区域形成混合搅拌效果，提高水体流动性。

（3）人工曝气设备通常只能实现小范围的充氧效果，用于流动性较差的城市水体时，两个曝气区域之间可能形成厌缺氧环境，部分时段出现黑臭反复或加剧问题。

（4）人工曝气用于重度污染城市水体水质净化时，曝气形成的微小气泡很容易挟带水中的微生物，形成可能影响公众健康的气溶胶，增加人体非接触性风险。

（5）人工曝气设备停机后，水体和底泥中的微生物会持续消耗溶解氧，使水体和底泥进入厌氧状态，再次启动曝气设备时，气泡会挟带厌氧反应产生的恶臭气体，导致形成比较严重的恶臭问题。

（6）每一级跌水通常只能产生 3～5mg/L 的溶解氧增量，基本上相当于在城市水体过水断面底部设置一根曝气管的充氧效果，对城市水体水质的改善效果不显著。

A.2.3 生态浮岛水体净化

（1）生态浮岛水体净化主要通过植物根茎表面的富氧环境和附着于根茎生长的微生物，高效吸附、吸收和降解水中的COD、氮、磷等营养物质，提高水体透明度、DO和ORP，改善城市水体水质。

（2）生态浮岛水体净化的核心在于以植物体水下根茎作为微生物生长的载体，利用光合作用产生的氧气，完成污染物的吸附和净化去除，通常需要比较发达的水下根茎。

（3）植物叶是光合作用于氧的主要器官，也是氧"散逸"的主要通道。生态浮岛植物对水体的充氧作用通过中空的根茎结构实现，其有效充氧范围主要取决于植物根茎的发达程度、在水中的竖向深度和横向扩展宽度。在宽阔水面零星点缀的生态浮岛对水体水质的改善作用有限。

（4）生态浮岛的植物根系通常难以达到水体底泥层深度，对水体底泥厌氧反应的抑制效果通常不明显。底泥污染问题突出的城市水体，高温季节仍可能出现比较突出的厌氧黑臭问题。

A.2.4 化学药剂原位净化

（1）化学药剂原位净化是指通过投加化学药剂，与水中的悬浮性或溶解性污染物发生絮凝或化学反应，形成密度大于水的颗粒物，从而沉淀至水底的水体净化技术，包括絮凝沉淀、化学除磷沉淀等。

（2）化学药剂原位净化只是将污染物由水体转移到底泥中，短时间内达到一定的净化效果，并没有彻底去除水中的污染物，沉淀于水体底部的污染物仍存在向水体扩散或释放的可能，一般仅适用于控源截污和底泥污染控制比较完善的水体水质保持或污染问题的应急处理。

（3）化学药剂只有与水中的污染物充分混合才能达到净化效果，但目前用于向城市水体投加化学药剂的技术装备，通常难以达到化学反应所需的混合条件，导致需要数倍甚至数十倍于常规药剂投加量才能达到预期效果。

（4）船载螺旋桨化学药剂混合技术可在一定区域内实现药剂的快速混合，但往复加药很容易使已经沉淀的化学絮体被打散，影响化学混凝沉淀反应的效果。

（5）多数化学混凝剂对城市水体的透明度、浊度等具有较好的改善作用，对磷具有稳定的沉淀去除作用，但对溶解性小分子有机物的去除能力有限，尤其是对 $NH_3\text{-}N$ 几乎没有去除能力。

（6）化学混凝剂形成的絮体结构通常比较松散，很容易在水力冲刷或底栖生物活动过程中解体并漂浮到水体表面，因此化学药剂通常需要与相对密度较大或黏滞性较强的掺混物共同使用。

A.2.5 水体底泥原位稳定化

（1）水体底泥原位稳定化主要是指在未进行有效清淤的情况下，仅通过投加相对密度较大的化学药剂或矿物质材料，或敷设混凝土硬化层的方式，将历史污染形成的水体底泥直接进行原位掩盖的技术措施。

（2）对底泥污染问题突出的城市水体进行原位稳定处理，实际上是在厌氧底泥上增加一个弱透气层。这种情况下，被覆盖的底泥厌氧反应产生的气体难以通过弱透气层释放，长期积聚后容易突破薄弱区域并携带黑臭底泥上浮，产生严重的底泥"冒泡"现象。

（3）国际上常用的硝酸钙$[Ca(NO_3)_2]$水体底泥原位稳定技术，主要利用钙离子(Ca^{2+})的沉淀作用和硝酸根(NO_3^-)的电子受体作用，部分解决微污染水的净化问题，但对重度污染城市水体的净化作用有限，且容易引起硝酸盐氮($NO_3^- -N$)超标问题。

（4）过量投加化学强氧化剂，可在短时间内中和或氧化去除底泥表层的还原性物质，但强氧化剂会抑制底泥微生物的活性，甚至使微生物失活及水生动植物死亡，水体应对污染排放风险的能力降低。

（5）投加的氧化剂仅对与之接触混合的底泥产生氧化作用，底泥层较厚或水体沿线控源截污不彻底时，仍需定期投加氧化剂才能抑制底泥的黑臭问题。

A.3 城市黑臭水体治理新技术及潜在问题

A.3.1 微纳米气泡增氧技术

（1）微纳米气泡增氧技术是指通过专门的微纳米气泡快速发生装置，将空气或纯氧破碎形成比表面积大、停留时间长、传质效率高、吸附能力强的微米级或纳米级的小气泡，悬浮于水中，形成高溶解氧环境，可看作一种强化的人工曝气增氧技术。

（2）微纳米气泡增氧的气泡扩散系统孔隙小，堵塞风险较大，运行维护工作对运行及维护管理人员的专业技术水平要求较高。

（3）微气泡具有较强的吸附能力，容易携带水中的细微颗粒物、溶解性或胶体污染物上浮，产生气浮现象，影响水体的感官及光照特性，不宜广泛应用于漂浮物或悬浮物问题突出的城市水体。

（4）过量的微米级或纳米级小气泡悬浮于水中，虽然提高了水体 DO 和 ORP 水平，但过高的 DO 容易造成过度"富氧"，可能使微生物产生"醉氧"现象，一定程度上影响微生物活性。

（5）微纳米气泡增氧技术多数仍使用曝气头或曝气管作为

气泡扩散系统，管道布设受可利用场地、水体地质地貌特征、排水防涝要求等众多因素制约，一般不建议用于具有排水防涝要求的水体。

A.3.2 石墨烯光催化技术

（1）石墨烯光催化技术是指将石墨烯复合材料制成的网状材料敷设于水中，在太阳光的照射下反应生成氧气和具有强氧化性的自由基，提高城市水体 DO 和 ORP 水平的工艺技术。

（2）石墨烯光催化技术的核心反应条件是充足的光照，因此对水体透明度、水深、石墨烯网表面的洁净度要求相对较高。水体透明度不足、光照条件差或石墨烯网表面污浊时，难以达到预期的工程效果。

（3）石墨烯网表层生长的生物膜或苔藓类物质，以及各种水体缠绕物，容易影响石墨烯的光催化功能，增大运行维护难度。

（4）石墨烯网通常敷设于水面以下 10cm 左右，一般不适用于水位波动明显的水体；产生的氧气泡浮力较大，下行穿透能力较弱，一般不适用于常水位较深的水体。

（5）敷设于水中的石墨烯网可能影响水体的排水能力，一般不适用于具有排水防涝功能的水体。

（6）石墨烯网容易在水体中形成死水区或涡流区，导致泥沙等沉积物堆积和塑料袋等漂浮物缠绕，并可能成为微生物附着生长或水生动物产卵的场所，一般不宜用于生态修复类城市水体，也不用于接纳合流制排水的城市水体。

附录B 城市水体治理效果评估方法

B.1 公众评议与报告编制

B.1.1 评议单位遴选技术要点

（1）地方政府或城市水体主管部门可委托专业调查公司或具有公众评议能力的单位开展城市黑臭水体治理效果的第三方评议。

（2）地方政府或城市水体主管部门应按照利益规避原则遴选公众评议单位，社会公益性组织机构可组织实施公众评议工作。

（3）方案编制单位、技术咨询单位、工程施工单位、工程监理单位及第三方监测单位，以及政府机关下设的事业机构原则上不作为评议单位。

B.1.2 公众评议工作实施技术要点

（1）可采用二维码，或二维码和纸质调查问卷相结合的形式，完成城市水体治理情况的公众评议。

（2）应优先选择水体周边500m范围内的社区居民、商户或公司职员，或经常在水体周边活动的人群作为公众评议对象。

（3）城市水体位于待开发工业集聚区或城市边缘地带，周边居民或固定活动人员相对较少、周边区域正在实施拆迁或即将进行拆迁的，在提供了必要的证明材料的情况下，可适当减少公众调查问卷的数量。

（4）原则上公众调查评议表应包含被调查对象的人员类型、住址、联系方式等基本信息，以方便材料整理或验收评估阶段开展调查表格真实性校核工作。

（5）调查表的技术内容应尽量简便易懂，不宜含有过多的技术性术语，以确保调查对象可以更好地针对调查内容进行填写。

B.1.3　公众评议材料总结技术要点

（1）第三方评议机构完成公众调查后，应对完成的调查问卷进行全面整理分析，形成公众评议情况总结材料，作为效果评估的基础材料。

（2）应校核公众评议问卷材料的真实性和有效性，检查纸质问卷是否存在同一张问卷签字笔迹前后不一致、两张或多张调查问卷笔迹相同、回答问题遗漏等不合规问卷情况；检查核实相同手机号或用户名形成二维码问卷的原始记录真实性和有效性情况。

（3）公众评议总结材料应对城市水体周边环境条件、公众评议工作实施情况、公众评议期间气候情况等进行简单说明。

（4）公众评议总结材料应系统总结调查问卷总数、被调查人群结构、有效问卷数量和各条目的公众满意程度，分析无效问卷及公众不满意的原因。

B.2　评估材料整理与校核

B.2.1　工程实施证明材料整理技术要点

（1）有关部门应按照治理方案明确的工程内容和工程量，逐条梳理控源截污、垃圾清运、底泥治理、生态修复等主体工程的落实情况及证明材料，形成工程实施情况总结清单；系统梳理相关技术服务协议及落实情况的证明材料，形成技术服务合同清单。

（2）工程实施情况总结清单应详细说明实施工程的具体内

容，分类统计工程量与完成时间，并分析其与治理方案工程内容和工程量的相符性。

（3）工程实施证明材料应选用具有一定法律效力的工程设计合同、施工合同、监理合同或记录、工程变更文件、竣工验收文件、工程结算和审计文件以及相关的工程施工影像等可以证明工程完成情况的材料。

（4）城市水体治理技术服务证明材料可包含污染源调查协议或报告、第三方水质测试服务协议或检测报告、第三方底泥检测协议或检测报告、城市水体沿线垃圾清理协议及转运记录、城市水体底泥清淤和转运记录等以及技术服务的相关影像证明材料。

（5）提供的工程实施或技术服务证明材料应能体现工程实施内容、时间、工程量、实施地点、实施主体等；同一类型项目包含多项子工程时，应同步提供相关总结材料。

（6）严禁通过加盖或填埋的形式掩盖水体黑臭问题。因规划调整或与其他基础设施冲突而不得不对原有水体进行局部加盖、填埋或移位处理，或因实施雨污分流改造将原排水防涝渠道改造为雨水管道的，应提供规划部门或主管部门的证明材料。

B.2.2 公众评议材料整理技术要点

（1）对第三方机构完成的公众评议报告进行校核评价，确保第三方机构如实完成公众调查，并对调查结果进行了系统全面的分析。

（2）核实确认有效调查问卷的数量满足不少于100份的基本要求。水体周边可调查人口数量较少，调查问卷数量难以达到100份基本要求的，需提供有效的证明材料。

（3）对调查问卷各条目的满意程度进行了统计分析。对公众满意程度不高的条目，应分析产生的原因并提供了有效的应对策略。

（4）通过电话咨询或回访的形式，抽样核实部分调查问卷的填报真实性，重点关注填报为"不满意"问卷的具体原因，并提出整改和应对策略。

B.2.3 水质监测数据整理技术要点

（1）有关部门应根据本书第6.3节的要求，在水体治理工程完工后，委托有资质的环境、水利或排水检测机构，开展不少于6个月的第三方监测。

（2）核实第三方机构是否按规定的监测点位和频次要求开展监测，提供的监测报告是否存在缺项漏项情况，不具备检测条件的是否进行了说明，部分指标长期未监测是否提供了有效的证明材料。

（3）因不可抗力原因导致未按规定时间进行监测的，核实是否进行了有效的说明。

（4）核实第三方监测报告的数量和监测频次是否满足相关要求，核实监测结果是否满足"不黑不臭"的指标要求，是否对超标问题及相关原因做出说明。

（5）根据设计方、建设方或采购文件要求，评估就地处理或旁路治理设施的水质达标情况，不能达标的应提供相应的说明材料。

B.2.4 长效机制材料整理技术要点

（1）根据城市水体治理有关工作要求，系统收集整理城市政府及有关主管部门制定的与城市水体治理和水质保持相关的政策管理文件，形成文件清单及相关证明材料。

（2）系统整理"河长制"落实情况、日常巡河制度建设情况、公众举报信息核实及问题落实整改情况；整理"河长制"

任命及公示材料、开展工作的会议纪要等证明材料，编制相关工作记录表和工作清单。

（3）系统梳理城市水体维护管理、应急保障、智能管控、跟踪监测等制度的建设和实施情况；整理水体及排污口检查巡视、信息公开与群众监督举报核实整改、绩效评估等相关制度文件及落实情况的证明材料。

（4）委托第三方机构进行水体维护和监测的，系统整理城市水体日常维护管理、水体及排污口第三方监测的服务协议或合同，以及相关的实施证明材料，如工作影像材料、费用结算材料等。

（5）由政府机构有关部门负责水体日常维护或监测的，整理政府出具的与该任务分工有关的证明材料，如已发布的工作计划、政府会议纪要或相关的政府文件等。

B.3　城市黑臭水体治理效果评估

B.3.1　评估材料审查技术要点

（1）地方政府或城市水体主管部门应在公众评议和水质监测工作完成后，组织专家或委托专业机构对城市黑臭水体治理评估材料进行形式审查。

（2）应重点审查城市水体治理方案编制及落实情况、工程实施情况、公众评议情况、公众举报及落实情况、水质监测情况和长效机制落实情况等。

（3）审查提供的证明材料的有效性，重点关注治理方案的专家论证情况或政府批准实施情况。

（4）应关注城市水体治理工程实施对提高区域品位、提升排水防涝能力、提高公众获得感和满意度的贡献和作用。

（5）因公众安全保障、区域整体规划调整等原因，对城市水体进行加盖、填埋或移位处理的，审查提供的证明或说明材料的权威性和合理性。

（6）审查第三方机构完成的公众评议材料情况，重点关注完成的公众调查表的真实性和有效性，以及公众评议结论的合理性。

（7）采用临时就地处理设施进行直排污水处理的，审查临时设施的出水水质是否满足设计或招标文件要求，审查城市政府是否规划或正在实施永久性收集或处理设施。

（8）审查第三方检测机构完成的监测工作情况，重点关注监测报告的合规性、监测数据的完整性和监测结论的合理性，审核第三方机构是否按照规定的指标和频次要求完成监测工作，审查临时污水处理设施的监测数据频次及水质达标情况。

（9）审查长效管理制度建设及其落实情况，重点关注"河长制"落实情况、信息公开制度执行情况、水体日常巡查养护机制及经费保障情况、水体日常监测制度及落实情况等，审查各级河长是否为政府机构主要负责人。

B.3.2　治理效果现场核查技术要点

（1）现场核查水体沿线入河排污口是否按照规定悬挂标识牌，核查入河排污口是否有违规排污行为或较明显的排污痕迹，核查雨水排放口是否有旱天排污行为。

（2）现场核实是否存在截流污水未经处理异地排放行为，核实是否存在因截流污水排入城市管网，导致管网沿线或污水处理厂厂前溢流的情况。

（3）现场核实临时污水处理设施的运行情况，结合工艺技术分析和运行记录核查，对临时设施的污染物去除效果及达标可能性进行科学评价。

（4）检查是否存在工业企业超标排放或违法偷排行为，检查工业企业排污口以及设施运行和监测记录，核实是否有近期排污的痕迹。

（5）结合水体上游及左右岸水质监测和感官评价，核实是否存在上游来水污染影响水体治理效果的情况。

（6）现场核查河面是否漂浮有可能影响城市水体水质或感官效果的垃圾、浮油、动物残体等情况，核查水体蓝线范围内是否存在可能影响水体水质的垃圾堆放点。

（7）现场检查是否有不符合规划要求，且未进行有效说明的水体加盖、水体改暗涵或填埋的行为。

（8）现场检查是否存在底泥无组织堆放在河道两岸，是否存在河底翻泥、水体冒泡等现象，结合底泥治理工程实施证明材料、底泥第三方检测报告及转运处置合同、台账等文件，对底泥治理工程落实情况做出评价。

（9）现场检查"河长制"公示牌信息的规范性和位置的合理性，对各级河长与文件的一致性、河长电话的真实性等信息进行现场核实。

B.3.3 治理效果综合评价技术要点

（1）结合现场踏勘、水质监测和工程实施证明材料，对污染源普查的全面性、黑臭成因甄别的科学性、治理方案的系统性和综合性、采用技术的合理性和可行性进行综合评估。

（2）结合现场调查反馈、公众评议材料核实，对水体治理工程的公众满意度情况进行评估。

（3）结合现场踏勘、工程实施证明材料核查，对污水收集处理、水体沿线垃圾清运、底泥处理处置、水体生态修复等工程的实施情况进行评估。

（4）结合现场感官评判、水质监测报告及水质监测数据，对水体治理效果及各种临时处理设施达标情况进行评估。

（5）结合长效机制材料核实，对长效机制建设及落实情况进行评估。